微生态制剂研究与应用

朱德全◎著

电子科技大学出版社
University of Electronic Science and Technology of China Press

·成都·

图书在版编目（CIP）数据

微生态制剂研究与应用/朱德全著. —成都：电子科技大学出版社，2023.11

ISBN 978-7-5770-0679-6

Ⅰ.①微… Ⅱ.①朱… Ⅲ.①微生物生态学—制剂—研究 Ⅳ.① Q938.1

中国国家版本馆 CIP 数据核字（2023）第 216786 号

内容简介

微生态制剂是指运用微生态学原理，利用对宿主有益无害的益生菌或益生菌的促生长物质，经特殊工艺制成的制剂。目前，微生态制剂已被广泛应用于饲料、农业、医药保健和食品等各个领域。微生态制剂的开发和应用对我国绿色经济和可持续发展具有非常重要的意义。本书阐述了常见微生态制剂菌类的特性、应用以及微生态制剂的发酵、干燥、保持活性等相关制备技术，重点介绍了微生态制剂在畜牧业、生态农业、环境治理和保护、人体健康方面的应用。本书可供从事微生态制剂生产和科研的技术人员、研究人员参考，也可供高等院校生物工程、生物技术及相关专业师生阅读。

微生态制剂研究与应用
WEISHENGTAI ZHIJI YANJIU YU YINGYONG
朱德全　著

策划编辑	刘　愚　李述娜　杜　倩
责任编辑	卢　莉
责任校对	于　兰
责任印制	梁　硕

出版发行	电子科技大学出版社
	成都市一环路东一段 159 号电子信息产业大厦九楼　邮编　610051
主　页	www.uestcp.com.cn
服务电话	028-83203399
邮购电话	028-83201495
印　刷	北京亚吉飞数码科技有限公司
成品尺寸	170 mm × 240 mm
印　张	14.5
字　数	250 千字
版　次	2025 年 4 月第 1 版
印　次	2025 年 4 月第 1 次印刷
书　号	ISBN 978-7-5770-0679-6
定　价	85.00 元

版权所有，侵权必究

前 言 PREFACE

微生态制剂是指运用微生态学原理,利用对宿主有益无害的益生菌或益生菌的促生长物质,经特殊工艺制成的制剂。

人类应用微生态制剂已经有几个世纪的历史,但是微生态制剂作为新兴的一类产业,其发展仅有20余年的时间。近年来,微生态制剂的研究、开发和应用均取得重大发展,正成为发展迅速的学术前沿方向和朝气蓬勃的新兴产业。微生态制剂可以通过维持微生态平衡、生物夺氧、生物拮抗、增强机体免疫功能、合成各种酶和营养物质等方式促进内环境的稳定,控制某些与菌群生态失调、菌群定位转移相关的疾病,广泛应用于饲料、农业、医药保健、食品等领域。进一步开发微生态制剂相关产品,能提高我国微生态制剂技术的创新水平和产业竞争力,而增强新产品的研发能力及自主核心技术的开发能力,能给我国带来巨大的经济效益和社会效益。

本书分为五章,全面系统地阐述了微生态制剂的生产和应用。第一章绪论,主要阐述了微生态制剂相关的基本概念、种类及发展现状、存在的问题及发展措施。第二章微生态制剂主要代表菌类概述,介绍了微生态制剂菌的主要代表菌类制剂的研究与应用,包括乳酸菌类、双歧杆菌类、芽孢杆菌类、酵母菌类以及其他微生态制剂菌类。第三章微生物发酵工程,阐述了微生物发酵工程概述、菌种技术和发酵技术。第四章微生态制剂在动物养殖方面的应用,详细论述了微生态制剂在畜禽养殖、水产养殖方面的应用。第五章微生态制剂在预防和治疗疾病方面的应用,介绍了微生态制剂在预防和治疗肠道疾病、癌症、食物过敏、乳糖不耐症等方面的应用。

微生态制剂研究与应用

  本书将基础理论与实用技术相结合,将科学研究与实际应用相结合,分析了大量的研究实例,以技术发展为主线向读者阐述微生态制剂的研究现状、发展历程及研究成果与应用,具有新颖性和系统性。本书可供高等院校生物工程、生物技术、动物科学、医药及相关专业师生使用,并可供从事微生态制剂生产和科研的技术人员、研究人员参考。

  本书相关内容获国家自然科学基金(项目编号:32260585)资助。在本书的撰写过程中,作者参考了微生态制剂方面的相关著作及研究成果,在此向这些学者致以诚挚的谢意。由于微生态制剂技术的发展日新月异,加上作者的水平所限,书中难免会有错漏,不足之处恳请读者批评指正。

目录 contents

第一章 绪论 1
 第一节 微生态制剂相关的基本概念 2
 第二节 微生态制剂的种类及发展现状 9
 第三节 微生态制剂存在的问题及发展措施 26

第二章 微生态制剂主要代表菌类概述 33
 第一节 乳酸菌类 34
 第二节 双歧杆菌类 50
 第三节 芽孢杆菌类 76
 第四节 酵母菌类 87
 第五节 其他微生态制剂菌类 95

第三章 微生物发酵工程 101
 第一节 微生物发酵工程简述 102
 第二节 菌种技术 111
 第三节 发酵技术 115

第四章 微生态制剂在动物养殖方面的应用 153
 第一节 微生态制剂在畜禽养殖方面的应用 154
 第二节 微生态制剂在水产养殖方面的应用 163

第五章　微生态制剂在预防和治疗疾病方面的应用 …………… 175
第一节　微生态制剂预防和治疗肠道疾病 ………………… 177
第二节　微生态制剂预防和治疗癌症 ……………………… 185
第三节　微生态制剂在食物过敏和乳糖不耐症方面的应用 … 190
第四节　微生态制剂在泌尿生殖系统健康方面的应用 ……… 194
第五节　益生菌制剂预防和治疗口腔疾病 ………………… 200
第六节　益生菌制剂预防和治疗幽门螺杆菌 ……………… 201
第七节　益生菌制剂降血脂、降胆固醇、预防和治疗肥胖 …… 202
第八节　益生菌制剂预防和治疗糖尿病 …………………… 209
第九节　益生菌制剂预防和治疗呼吸道感染 ……………… 213
第十节　益生菌制剂调节肠道菌群 ………………………… 214

参考文献 ………………………………………………………… 218

第一章

绪 论

近年来,微生态制剂在多个领域广泛应用,且发展迅猛。本书讲述的是有关微生态制剂的知识和应用。由于微生态制剂的理论基础是微生物学和生态学、微生态学,因此,在讨论微生态制剂之前,有必要简要介绍一下相关的基本概念和知识。

第一节　微生态制剂相关的基本概念

一、生态学、微生物学与微生态学

(一)生态学

生态学在 20 世纪中期开始迅速发展,它原本只是生物学的一个分支,伴随着生物学的发展经历了漫长的过程,1900 年前后才成为独立学科。随着工业革命开启、世界人口的剧增、生产力的大幅提高,对自然与资源过度的开发与利用,对环境的污染和破坏,使人与自然的矛盾日益加剧。为了持续发展,人类不得不开始关注自然,寻求与自然和谐发展的道路。生态学正是人类对自己的行为反思的结果,是关系到未来人类命运的科学。

生态学——ecology 一词来源于希腊文,由 oikos 与 logos 两词组成。oikos 指居住之地,logos 则有论述之意,两者结合即成为"ecology",即生态学。1866 年,德国人海卡尔(Haeckel)首先提出这个术语时,曾将其定义为"活的有机体生活的内务"。1907 年,谢尔福德(Shelford)又定义为"有机体的生活要求与家务的习性"。1961 年,奥德姆(Odum)定义为"种群和群落的生物学"。1972 年,克雷布斯(Krebs)定义为"决定生物分布和数量相互作用的科学研究"。

我国生态学家马世骏于 1979 年,将生态学定义为"是一门多科性的生物科学,是研究生命系统与环境系统之间相互作用规律及其机理的科学"。

(二)微生态学

微生态学(microecology)是一门具有多分支学科、内容极其丰富的综合性边缘科学,作为一门独立的学科,只是近二三十年的事。但是,微生态学的起源是微生物学,并伴随着微生物学的发展而发展。

1977年,最早清晰地定义了"microecology"这个术语的是德国的沃克·拉什(VolkerRush)博士,并且在德国赫尔本也成立了世界上首个微生态研究所。该研究所的工作重点是对大肠杆菌、双歧杆菌、乳酸杆菌等具活菌制剂进行研究,总体来说是研究生态疗法和生态调整。由于微生态学是以微生物的一般生态学原理为基础,因此也就自然而然地形成了一个微观生态的概念。1985年,VolkerRush提出"微生态学是细胞水平或分子水平的生态学"的新定义,并将其界定为在微观层面上的生态。1988年,我国著名的生态学专家康白先生将其定义为"研究正常微生物群与其宿主相互关系的生命科学分支"。

从更广泛的意义上来说,微生态学是研究微生态系统中(人体、动物、植物和微环境)微生物群体的组成、结构、功能演变及其和环境之间的相互关系的科学。在实际工作中,人们可以根据研究对象的不同,把微生态学进行系统分类,如人类的各器官系统微生态学,即人类口腔微生态学、人类肠道微生态学等;不同动物种类的微生态学,如反刍动物微生态学、水生动物微生态学、昆虫微生态学等;环境微生态学,如土壤微生态学、污水微生态学等;植物微生态学,如水生植物微生态学、沙生植物微生态学、根系微生态学等。

应当指出的是,微生态学(microecology)与微生物生态学(microbiolecology)是两个不同的概念。微生态学是研究人类、动物、植物以及环境与其正常微生物群相互关系的学科,而微生物生态学则是研究微生物与环境(生物的、物理的及化学的)相互关系的学科。前者以宿主为重心,后者以微生物为重心,因而在侧重点及内容方面不同。

(三)微生态工程

微生态工程是微生态学研究中的一项重要内容,也是微生态学原理在实践中的应用。在现代生命科学领域,微生态工程必不可少,在调整、改善或保护微生态平衡方面发挥着重要的作用。不论是人类、动植物,还是特定的环境,当微生态出现失衡时,微生态工程就可以利用有益无害的微生物,根据实际情况,设计并研制出具有针对性的微生态制剂,从而达到抗病、促生长的目的,提高种植业、畜牧业和养殖业产量,改善产品品质,保护生态环境和增进人类健康等目标。就目前微生态工程发展而言,它还涉及人类生存环境保护方面。

二、微生态平衡与微生态失调

（一）微生态平衡

微生态平衡的定义是严格的,有狭义和广义之分。

狭义的微生态平衡的定义是:从微生物的角度,判断微生态平衡主要是看微生物在群落中的表现。1962年,外国学者Haenel提出的微生物群落的生态平衡定义是:"一个健康器官的,平衡的,可以再度组成的,能够自然发生的微生物群落的状态,叫作微生态平衡。"

"微生态平衡"的广义定义为:微生态平衡是在长期历史进化过程中形成的正常微生物群与其宿主在不同发育阶段的动态的生理性组合。这里所谓组合,指的是在相同的宏观环境条件的影响下,正常微生物群各级生态组织结构与其宿主(人、动物与植物)体内、体表的相应的生态空间结构之间正常的相互作用的生理统一体。这一整体的内部结构与存在状态被称为微生态平衡。

（二）微生态失调

微生态失调是微生态平衡的反义词。在康白编写的《微生态学》一书中,认为其定义是:"正常微生物群之间与正常微生物群与宿主之间的微生态平衡,在外环境影响下,由生理性组合转变为病理性组合的状态。"对于一般人来说,这些定义很专业,难理解。早期的解释通俗易懂,比如对肠道菌群来说,其菌群的紊乱状态就叫作微生态失调。根据定义,我们也可以泛泛地理解为,微生态失调包括:菌与菌的失调,菌与宿主的失调,菌和宿主的统一体与外环境的失调。但对于从事有关专业工作和研究的人员来说,都有详细而严格的标准来界定,在此就不进行讨论了。

三、微生态制剂

（一）微生态制剂的概念

微生态制剂指的是在微生态学的理论指导下，对微生态失调进行调整，保持微生态平衡，提高宿主（人、动植物）健康水平或提高健康状态的生理活性制品及其代谢产物，以及对这些生理菌群生长繁殖有促进作用的生物制品。近年来进一步发展到治理和改造环境方面的微生物制品，即微生物增强剂、微生物絮凝剂和微生物传感剂等。

微生态制剂，特别是由多菌种组合而成的复合微生态制剂，最近几年在应用微生物学领域的发展势头很猛，它是将微生态学理论和微生态工程技术，直接运用到种植业、养殖业、环境保护和人体保健等方面的一种重要的产品技术，是将微生态科学的理论转化为实际生产力的纽带和桥梁。

微生态制剂的主要优势主要体现在以下几个方面。

（1）由一种或两种以上的微生物构成，它们是自然界原本就存在的微生物，而且对人类和动物不仅没有任何危害，而且好处多多。

（2）构成微生态制剂的所有微生物种群可以协同共生、互不拮抗、功能互补，与系统功能整合原理相一致，具有较强的作用功能。

（3）微生态制剂与其他添加剂最本质的区别在于：它的主要功效是由构成微生态制剂的各种有益微生物共同发挥的，有益微生物是发挥功效的主体。

（二）微生态制剂的构成

从微生态制剂的定义我们看到，组成微生态制剂的微生物对人、动植物和环境是有益（效）的。但是自然界的微生物种类繁多，不是所有的有益微生物都可以被选用。只有那些人类认识较清楚、研究得较透彻的有益微生物才能被利用，因为有些微生物在某种特定条件下，有可能由有益变成有害（如机会致病菌），因此对可被用作微生态制剂的有益（效）菌，各个国家都会制定严格而统一的标准。世界各国对可以用于食品、医药和饲料添加剂的微生态制剂菌种都有严格的规定。

美国食品药品监督管理局(FDA)和美国饲料管理协会(AAFCO)公布了40余种"可直接饲喂且通常认为是安全的微生物(GRAS)"作为微生态制剂的出发菌株：乳酸杆菌属、双歧杆菌属、肠球菌属、链球菌属、芽孢杆菌属、明串珠菌属、片球菌属、乳球菌属、丙酸杆菌属、拟(类)杆菌属、酵母菌属、曲霉菌属。

我国农业部1999年6月(105号公告)公布了干酪乳杆菌、植物乳杆菌、粪链球菌、屎链球菌、乳酸片球菌、枯草芽孢杆菌、纳豆芽孢杆菌、嗜酸乳杆菌、乳链球菌、啤酒酵母、产朊假丝酵母和沼泽红假单胞菌12种可直接饲喂动物、允许使用的饲料级微生物饲料添加剂菌种。

此外,在国内外还陆续有新的应用菌种的报道,如环状芽孢杆菌(*B.circulans*)、坚强芽孢杆菌(*B.firmus*)、巨大芽孢杆菌(*B.megaterium*)、丁酸梭菌(*Clostridium butyricum*)、芽孢乳杆菌(*L.sporogenes*或*sporolactobacillus*)等。

(三) 有益菌(益生菌)的功能作用

下面仅对我国农业农村部批准使用的菌种作一简单介绍。

1. 干酪乳杆菌

革兰氏染色阳性,杆状,一般可从牛乳、乳酪、乳制品、青饲料、酸面团、人口腔等处分离到。

干酪乳杆菌可增强巨噬细胞活力,它的效果不会对胃肠道的微生物菌群产生影响,但是有一种情况除外,即抗体被分泌于胃肠道内。干酪乳杆菌可以通过以下途径阻止微生物在肠道内的定植：诱导免疫球蛋白A(IgA)分泌、激活,改变胃肠道菌群的组成。免疫系统作用,只有在吸收了可溶性抗体或细胞移位穿过胃肠道壁进入血液淋巴细胞时才会产生。1986年进行的人体外血淋巴细胞试验,发现只需要少量的酸就能刺激T细胞使其产生更多的干扰素。

2. 植物乳杆菌

革兰氏染色阳性,杆状,一般可从牛乳、乳酪、乳制品、青饲料、酸面团、人口腔等处分离到。

(1)植物乳杆菌通过微生物夺氧及在消化道内附着定植和对营养

素的竞争,调节肠道内菌群趋于正常化,抑制致病菌和有毒菌的生长。

(2)植物乳杆菌的代谢可产生有机酸,降低动物肠道 pH,杀死不耐酸的有害菌;产生溶菌酶、过氧化氢等物质,可杀死潜在的病原菌;产生的代谢产物可以抑制肠内胺和氨的产生;产生蛋白酶、淀粉酶、脂肪酶等消化酶,有利于物质的分解;合成 B 族维生素、氨基酸等营养物质;益生菌的细胞壁上存在着肽聚糖等刺激肠道的免疫细胞,从而可增加局部免疫抗体,增强机体抗病能力。

3. 粪链球菌

又称粪肠球菌,革兰氏染色阳性,存在于口、鼻、咽和肠腔内。

4. 枯草芽孢杆菌

(1)枯草芽孢杆菌在以芽孢形态进入畜禽消化道之后,会立即从休眠状态复活,并产生复活菌,肠道内的氧气被大量消耗掉,氧分子的浓度就会随之降低,大肠杆菌、沙门菌被大量消耗掉,有益微生物的数量会随之增加。有益微生物数量的增加带来的益处是,潜在的病原微生物会随之减少,这样一来,排泄、分泌物中的有益微生物也会增加,致病性微生物也会减少,这样就可以对体内外环境进行清洁,疾病的发生率随之降低。

(2)可以通过产生过氧化氢、细菌素等抑制物质来抑制肠道中腐败细菌的生长,从而使脲酶的活性受到抑制,减少氨、胺等有害物质的生成,对动物的生长来说是有益的。

(3)它不仅可以产生许多哺乳动物和禽类本身不具备的活性更强的蛋白酶、淀粉酶、脂肪酶,还可以产生许多哺乳动物和禽类本身不具备的产生消化酶,针对植物饲料中的果胶、葡聚糖、纤维素等复杂的碳水化合物进行降解,可以极大地提升饲料的转化效率。

(4)合成 B 族维生素。

5. 纳豆芽孢杆菌

纳豆芽孢杆菌能增强以厌氧菌为优势菌群的肠道正常菌群的生长。纳豆芽孢杆菌繁殖快,能消耗肠道中的氧,从而抑制有害需氧菌的生长;纳豆芽孢杆菌能产生多种酶类,促进动物对营养物质的吸收,增强机体的免疫功能；纳豆芽孢杆菌还能产生多种营养物质，如维生素、氨基酸、促生长因子等，参与机体的生长代谢。

6. 嗜酸乳杆菌

嗜酸乳杆菌是一类能发酵利用碳水化合物并产生大量乳酸的细菌。嗜酸乳杆菌可在人和动物的胃肠道内定居，并能产生嗜酸菌素等多种抗菌物质，抑制有害菌类。维持肠道内微生物区系的平衡。人们常用嗜酸乳杆菌来治疗消化道疾患。近年研究表明，嗜酸乳杆菌在抗变异原性、防癌抗癌和增强机体免疫力方面发挥了重要作用。嗜酸乳杆菌胞外多糖（lactob acillusacidophilus exopolysaccharides，LAEPS）系嗜酸乳杆菌在生长代谢过程中分泌到细胞壁外的黏液多糖或荚膜多糖。大量药理及临床研究表明，多糖类化合物是一种免疫调节剂，能激活免疫受体，提高机体的免疫功能，在用于癌症的辅助治疗中，具有毒副作用小、安全性高、抑瘤效果好等优点。

7. 啤酒酵母

啤酒酵母营养丰富，蛋白质含量达50%，酵母多糖达25%～30%，还含有丰富的维生素和矿物质。啤酒酵母不仅具有丰富的营养，可提高人体免疫力，而且还具有增香、增鲜、调味的功效。

8. 产朊假丝酵母

产朊假丝酵母又叫产朊圆酵母或食用圆酵母。其蛋白质和B族维生素的含量都比啤酒酵母高，它能以尿素和硝酸作为氮源，在培养基中不需要加入任何生长因子即可生长。它能利用五碳糖和六碳糖，既能利用造纸工业的亚硫酸废液，也能利用糖蜜、木材水解液等生产出可食用的蛋白质。

9. 乳链球菌

乳链球菌能产生一种乳链菌素（nisin），亦称乳链菌肽。这是一种多肽物质，食用后在动物体内的生理pH条件和α-胰凝乳蛋白酶作用下很快水解成氨基酸，不会改变动物肠道内正常菌群以及产生其他抗生素所出现的抗性问题，更不会与其他抗生素出现交叉抗性，是一种高效、无毒、安全、性能卓越的天然食品防腐剂。它能有效抑杀嗜热脂肪芽孢杆菌、蜡状芽孢杆菌、金黄色葡萄球菌、李斯特菌、肉毒梭菌等各种革兰氏阳性菌的营养细胞和芽孢。加入食品中,可大大降低食品的灭菌温度,缩短食品灭菌时间,使食品保持原有营养成分、风味、色泽,同时还可大量节能。乳链球菌可广泛应用于肉制品、乳制品、植物蛋白食品、罐装食品、果汁饮料及经热处理密闭包装食品的防腐保鲜,同时也可应用于化妆品和医疗保健品等领域。

10. 沼泽红假单胞菌

沼泽红假单胞菌含有多种生物活性物质,如 B 族维生素中的吡哆醇、叶酸、烟酸、泛酸、生物素、维生素 B_{12} 以及辅酶 Q 和丰富的类胡萝卜素等,具有促进生物机体新陈代谢、生长发育的生物学功能;进入肠系统可以调节动物体内的微生态平衡,抑制有害病毒和细菌生长,刺激淋巴细胞转化为浆细胞产生免疫球蛋白(Ig),提高免疫力和生命力;光合细菌可利用、CO_2、低分子有机物,清除动物体内垃圾、清洁环境,使动物体内物质转化正常、排泄畅通、恶臭减少,提高养殖卫生水平等。

第二节 微生态制剂的种类及发展现状

一、微生态制剂的分类体系

微生态制剂因不同的分类体系而分成各种类群,具体如图 1-1 所示。

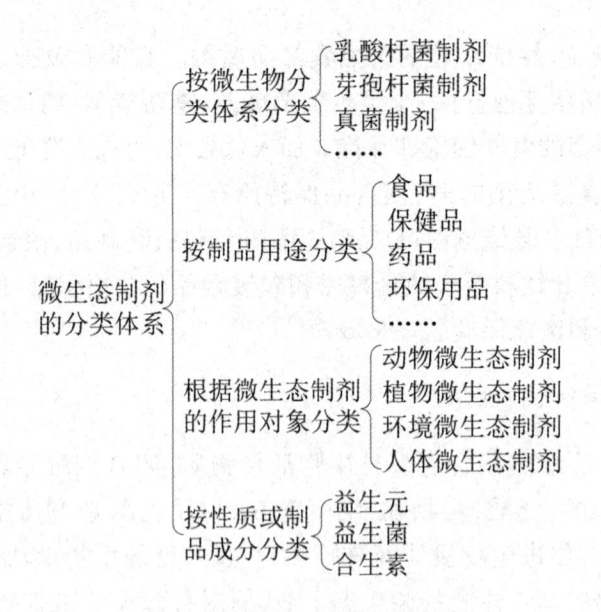

```
                    ┌ 按微生物分  ┌ 乳酸杆菌制剂
                    │ 类体系分类  │ 芽孢杆菌制剂
                    │            │ 真菌制剂
                    │            └ ……
                    │
                    │            ┌ 食品
                    │ 按制品用途  │ 保健品
                    │ 分类        │ 药品
微生态制剂          │            │ 环保用品
的分类体系       ──┤            └ ……
                    │
                    │ 根据微生态制剂  ┌ 动物微生态制剂
                    │ 的作用对象分类  │ 植物微生态制剂
                    │                │ 环境微生态制剂
                    │                └ 人体微生态制剂
                    │
                    │ 按性质或制    ┌ 益生元
                    └ 品成分分类    │ 益生菌
                                    └ 合生素
```

图 1-1 微生态制剂的分类体系

随着人们生活水平的提高，人们对健康的重视程度与日俱增，随之对药品和保健品的需求也在不断激增，而益生菌、益生元、合生素等越来越受人们的青睐，特别是在婴幼儿食品、药品中占有的份额越来越大。事实上，这就是当今环境条件和技术水平下，微生态制剂的一种发展方向。

（一）益生元

益生元（prebiotics）是一类可以在肠道中特异性促进有益菌增殖，且不会被机体吸收的物质，其作用机制尚不明确。益生元具有如下四项特征。

（1）在胃肠道的上半部分不能被消化，或不能被机体吸收。

（2）仅对肠道中的有益菌（如双歧杆菌等）具有促进生长、增殖和活化代谢的功能。

（3）可增加肠道中对人体有益的优势菌群的构成及数量。

（4）有利于提高寄生体的健康。

低聚果糖、异麦芽低聚糖、低聚乳果糖、低聚甘露糖、低聚龙胆糖、低聚木糖等都是比较常见的益生元。作为双歧杆菌增殖因子，这些低聚糖不但具有很多的生理活性作用，还因为它们的特性类似于蔗糖，但是它们的热量和甜度都低于蔗糖,所以它们可以在食品工业中部分地取代蔗糖,从而开发出一系列具有保健作用的食品,比如乳制品(乳粉、豆乳粉、发酵乳、乳酸菌饮料)、饮料、冷冻食品、面包、点心等。

(二)益生菌

益生菌(probiotics),就是对人类和动植物有好处的细菌的统称。1989年,Fuller将益生菌定义为能够促进肠内菌群生态平衡,对宿主起有益作用的活的微生物制剂。口服或经其他黏膜使用,是为了提高微生物与酶的平衡,并激发特异和非特异的免疫力。根据这一定义,我们可以发现,益生菌的活菌体、死菌体、菌体成分及代谢产物都可以被制成产品,它们可以被用于防治某些疾病,促进发育,增强体质,提高产量,延缓衰老,延长寿命。

益生菌在维持人类及动物口腔、皮肤、阴道及肠道微生态平衡方面发挥着重要的作用。适用于生产的益生菌菌种,应当满足以下要求:有存活能力,能够在工业上大规模生产;在使用及储存过程中,须维持其活性及稳定性;在肠道或其他生境中有存活能力;它必须是一个对宿主有利的菌种,不能产生伤害;无毒、无害、安全、无副作用。

(三)合生素

合生素(synbiotics)是一种由益生菌和益生元组成的复合制剂。该产品优势明显,不仅能充分发挥益生菌的生理活性,而且还能选择性提高该益生菌的含量,使益生菌的作用效果更加持久。合生素是未来微生态调节剂研究的一个发展趋势。

二、微生态制剂发展现状

(一)抗生素的淡出

抗生素(antibiotics)指的是微生物(包括细菌、真菌、放线菌等)和高等动植物在其生命活动中产生的能够影响其他细胞发育功能的具有病原体抗性或其他活性的次级代谢产物。抗生素作为一种新型的抗菌药物,在20世纪初已被应用于畜禽养殖中,以达到预防、控制和改善常见的畜禽类疾病的目的。抗生素在那个时候,甚至在现在的一些发展中国家,对于养殖业来说都是很重要的,因为抗生素不仅价格便宜,而且效果好,但长期重复使用抗生素也有很多缺点。

1. 致病菌抗药性增强

抗生素重复滥用是造成耐药菌株数量大幅增加,致病菌抗药性急剧增强的重要因素。抗药质粒(R)是致病菌对抗生素产生抗性的始动因素,并可通过结合作用传递来表达耐药性因子RTF。尽管RTF的传递频率不是很高,但由于致病菌的数量实在太多,而且繁殖能力太强,导致了耐药性的不断增强,所以,RTF的传递频率即使很低,抗药性的增加、扩散和蔓延速度也很快。如果多种抗生素一起使用,会造成更严重的后果,即会产生超级细菌,使一种细菌产生多种耐药性。而反复使用抗生素可能会导致正常菌群产生耐药性。在以往的畜牧业中,由葡萄球菌、沙门氏菌及大肠杆菌等病原菌引起的疾病较少,或病情较轻,但现在已成为畜禽类的主要疾病,这与长期反复滥用抗生素有关。

2. 引起机体内源性感染

尽管每一种抗生素都有其独特的抗菌图谱,然而,抗生素在消灭致病菌的过程中,通常也会对动物体内的有益菌群进行杀伤或抑制,导致肠道内正常的微生态平衡被打破,导致体内的致病菌大量繁殖,进而引起内源性感染。

3. 引起机体双重感染

反复使用抗生素,也会破坏体内的敏感菌株,产生大量的空位,给外来的耐药性菌株提供了乘虚而入的机会,导致出现外源性感染。当多次使用大量的抗生素来杀死一种致病菌的时候,机体的微生态平衡会被打破,从而造成另一种或者多种内源性或者外源性致病菌的再一次乘虚而入,机体再次感染,即双重感染。

4. 导致机体免疫力下降

首先,为了防止动物感染,长期反复使用抗生素,会使动物机体对抗生素产生依赖性,从而不能依靠自身的免疫系统来对抗致病菌,最后造成免疫系统对致病菌失去抵抗力,免疫功能丧失。其次,一些抗生素可引起某些器官的损伤。例如,畜禽长期服用四环素、红霉素、氯霉素等抗生素,肝功能可能会出现一定的损伤,引起 IgA 的功能下降,从而影响到机体的免疫功能。最后,长期大量使用抗生素,会造成双歧杆菌等有益菌的数量下降,致使其对环境的保护效果下降甚至丧失。此外,由于抗生素的长期应用,会导致抗原的品质下降,进而影响到疫苗在体内的免疫反应,从而导致疫苗的免疫效果下降。

5. 在畜禽产品和环境中残留

饲用抗生素进入畜禽体内后,将通过血液循环,最终到达淋巴结、肾、肝等多个器官,其中大多数会停留在脏器内,这导致畜禽肉类、蛋类和乳制品中残留着大量的抗生素,长期食用会在人体内积累抗药性,当疾病发作时,低剂量的抗生素无效,只能增加用药剂量,这是一个恶性循环。与此同时,有些性质较为稳定的抗生素,在排出体外后,仍然可以在环境中长期存在,这些残留在环境中的抗生素,会再一次通过畜禽产品、环境等途径,缓慢地积蓄积到植物、人类体内,最后会通过食物链等多种途径富集到人类体内,进而导致人类体内出现大量的耐药菌,使人类对某些疾病的抵抗力下降,当大量积累到一定程度后,还会对机体产生毒性效应。

从世界范围来看,抗生素饲料添加剂的开发有三大趋势:第一,抗生素的应用将更加严格,更注重用量的控制;第二,鼓励人们对抗生素的替代品给予更多的重视,使替代品大量流入市场;第三,食品中抗生素残留量的检验合格的标准越来越高,特别是国家监管方给予了高度的重视。

绿色农业已成为现代畜牧业发展的主要趋势,在既能保证畜牧养殖中动物的健康成长,又能保证动物产品的优质、健康和安全的前提下,微生态制剂无疑已成为研究的重点。但与抗生素在畜牧业中发挥的巨大作用相比还有很大差距,微生态制剂取代抗生素的道路还需要进一步探索和研究。

总之,在畜禽养殖领域,抗生素的淡出将是一种必然的趋势,无不良反应、无残留的抗生素替代品将成为未来研究的重点,也是市场的主流,它不仅要保证农牧业的生产效率与效益,还要保证生态安全,而微生态制剂的应用就是其中较为成功的一类。

(二)微生态制剂的发展

1. 微生态制剂的研究概况

微生态制剂指的是一类能够对肠道微生态进行调整,从而提高人体、畜禽及植物等宿主的健康水平的人工培养的菌群及其代谢产物,或者是能够对健康状态的正常菌群及其代谢产物进行增强,并能够有选择地促进宿主正常菌群生长繁殖的生物制剂。

下面我们来了解一下微生态制剂的发展历程。

从以上分析可以看出,微生态学这一概念的提出是在最近数十年才产生的。但是,人们很早之前就开始对微生物进行应用,而且经验丰富。

据记载,早在公元前200年,古埃及、古希腊就已经出现了以乳酸菌为原料的发酵食物。公元1008年,世界上最早的酸奶作坊在德国诞生。

到了16世纪中叶,在某些国家和地区,发酵奶酪已经变成了一种传统的食物。我国早在贾思勰《齐民要术》中就有关于生产酸奶的详细记载。

毫无疑问,显微镜的发明对微生物学的发展起到了巨大的促进作用。人类从此可以对微观世界进行探索,发现它的神奇与奥妙。借助于显微镜,巴斯德于1857年首次对乳酸菌进行了描述。

1905年,第一次有报告指出,乳酸菌的生理功能,即酸奶,有利于人类的健康,可以让人活得更长久。

20世纪50年代以来,世界各国研究人员都曾进行过许多试验,包括利用健康人体内的混合菌群用来治疗肠道疾病,并获得了较好的效果。此后,更多科学家对肠道微生物区系、将单一菌和多种菌引入无菌动物和悉生动物体后菌种间的关系与功能进行了大量、深入的研究,为微生态学科的形成与发展打下了坚实的基础。

自从1974年第一次使用益生菌作为饲料添加剂以来,益生菌制品的种类就越来越多。

我国从20世纪80年才开始对微生态制剂的研究,与较早开展研究的国家相比,起步较晚。研究主要集中在光合细菌制剂、饲料酵母等,随着时间的推移与研究的深入,研究者渐渐地不再满足于单一菌种的应用,逐步扩展到复合菌种,不再只停留在理论阶段,而是应用于水产、养殖、种植、医药等多个领域。康白先生在1988年出版了《微生态学》一书,这是我国第一本关于微生态制剂的研究专著,当时国内对微生态制剂的研究尚不多见,20世纪90年代才出现了较多的论文和著作。这以后的微生态制剂就不仅研究人、动物和微生物的关系,也研究植物甚至环境与微生物方面,有了更加广阔的研究与发展空间。

近年来,欧洲全面禁止抗生素的使用,也对我国使用抗生素产生警示作用,加之国家对抗生素的监管力度加大,更是引起了人们对微生态制剂的重视。

2. 菌种方面的研究概况

目前,美国已有43种被批准直接饲养的微生物,其中被商业化应用得最多的是嗜酸乳杆菌(*Lactobacillus acidophilus*)、粪链球菌(*Enterococcus faecdils*)、枯草杆菌(*Bacillus subtilis*)、酵母菌(*Saecharongces*)、米曲霉(*Aepergillces oryzae*)等。在日本,以枯草杆菌、纳豆芽孢杆菌、乳酸杆菌、乳酸球菌、东洋芽孢杆菌(*B.toyoi*)、酪酸菌等为主。目前,国外生产厂家主要采用的为Toyoi菌(从土壤中分离的芽孢杆菌),其次为酪酸菌和双歧杆菌。目前,国内已正式批准生产的菌株有蜡样芽孢杆菌、枯草芽孢杆菌、乳酸杆菌、乳酸球菌、酵母菌等。

3. 产品方面的研究进展

英国PIC公司的Protexin、泰国研发的Toyocerin等40余种,按0.04%添加于日粮中,可明显改善妊娠及哺乳期母猪的生产性能,降低仔猪腹泻及死亡率。加拿大出产的Prosurs Paste(以乳酸杆菌、粪链球菌、双歧杆菌等为主),能提高育肥仔猪的重量,达9.50公斤。目前,多采用复合菌剂。例如由32种菌种组成的芬兰的Broilacf,而EM液则是由光合细菌、放线菌、酵母菌和发酵剂等5科10属80多种微生物组合而成。目前,EM技术已经被许多国家和地区用于种植、养殖以及环境保护等方面。这一技术于1991年引入我国,经过试验验证,取得了很好的效果。目前,国内兽医界已有十余家企业,其中以何明清教授以芽孢杆菌为代表,针对仔猪、育肥猪、鱼类、家禽、肉鸡等品种研制出8501、8701、8801、8901、901,大连医学院生物技术研究所开发的促菌生(由需氧芽孢杆菌组成);南京农业大学生产的"促康生"(由芽孢杆菌N42和乳酸菌K.P株等为原料制成);NY-10制剂,由方定一等人通过乳酸菌与 E.coli 配合而成;松江制药厂生产的DM423菌粉;黑龙江兽医科学研究所研制生产的痢康粉剂;北京营养研究所生产的增菌素;浙江工商大学杭州商学院的乳酸菌复合剂等为主。目前市面上应用广泛且效果良好的多为以芽孢杆菌为主要成分的复合益生菌。

4. 制备工艺方面的研究进展

目前,最常用的益生素生产方法是固体表面发酵和大罐液体发酵法两种。在研究菌种保藏新方法、新技术的过程中积累了许多先进经验,如通过向乳酸杆菌培养基中加入保护剂,可以增强乳酸杆菌对冷冻或冷冻干燥的耐性,保存期的存活率就会大大提高。目前,在食用菌栽培过程中应用厌氧技术还处于起步研究阶段,有很大的发展空间,除常规厌氧罐工艺外,还出现了更加苛刻的工艺,如亨盖特滚管技术(hengate rolling tube technology)和厌氧手套箱技术(anaerobie glove box technique)。另外,厌氧菌计数方法的操作也变得更加简单、快捷,将原来5个步骤的操作过程简化为3个步骤。由于微生态制剂在生产应用上存在一定的局限性,出现了两种新的类型的微生态制剂,一种是包膜的,另一种是缓释的。包膜型的工艺已经较为成熟,如御美健已经采用4层包膜进行了生产。此外,还开发了几种微囊化工艺。美国的艾尔塔克尔生物技术中心已经在这一领域获得了初步的成功,他们将细菌用一种可溶于水的β-葡聚糖包裹起来,使之胶囊化,大大增强了其存活能力。缓释型是在液体中加入一定量的营养物质,可以使细菌在液体中保持较长的时间。一份来自美国内布拉斯加大学的研究报告显示,在日粮中加入油脂可以部分地防止酵母菌在制粒过程中受到损害。随着基因工程技术的进步,通过将芽孢从芽孢菌中转移到无芽孢的乳酸菌中,替代乳酸杆菌属,使之变成耐高温的菌种,或从菌种组合、筛选等角度,采用芽孢菌来替换,都能从根本上解决制粒过程中微生物被破坏的问题。

三、动物微生态制剂

(一)动物微生态制剂的剂型和种类

动物微生态制剂的研究起源较早,产品比较丰富,具有天然无毒副作用、安全可靠、多功能、无残留、不污染环境等优点,已得到广泛应用。早在18世纪40年代人们就开始利用乳酸菌防止猪腹泻。20世纪初,人们开始利用细菌来治疗人类和动植物肠道疾病。早在1907年,俄罗斯免疫学家Ilya Ilgich Metchikoff使用酸牛奶(乳酸杆菌)来治疗幼畜腹泻。此后,有关微生态制剂的研究逐渐引起了人们的关注。微生态制剂最早应用见于日本,20世纪50年代就有"表飞鸣""乳酶生",其成分是粪链球菌,用于肠道疾病治疗。以后相继在畜禽上使用。美国从20世纪70年代开始使用饲用微生物。Parker于1974年首次使用probiotic(s)一词来描述给动物使用的有益微生物,其定义为:有助于肠道菌群平衡的微生物和物质。

动物微生态制剂的剂型种类如图1-2所示。

动物微生态制剂的剂型
- 液剂:单一菌种或混合菌种的发酵液,含有活菌和代谢产物
- 发酵冻干制剂:液体发酵后,经浓缩,然后加保护剂冷冻干燥
- 普通固体发酵生产的粉剂
- 经液体深层发酵和一系列后加工生产的粉剂、片剂、胶囊和微胶囊制剂等
- 软膏制剂(如牙膏状)
- 气雾剂等

图1-2 动物微生态制剂的剂型分类

要根据使用的对象特征选用合适的制剂与剂型。例如,饲料添加主要采用粉剂,具体包括发酵冻干制剂、普通固体发酵生产的粉剂和液体菌剂等。如果是为了预防和治疗动物的腹泻,可以使用液剂、片剂、胶囊、喷雾剂口腔喷雾,或者是软膏口服;如果加入制粒料中,适宜使用微囊化的制品,其效果更佳。此外,将微囊化技术应用于微生态制剂中,可以明显地延长产品的保质期,并能有效地提高抵抗胃酸和胆汁酸的能力。

（二）动物微生态制剂的主要作用

微生态制剂属营养保健类饲料添加剂，那么它是如何发挥营养保健作用的呢？

1. 优势菌群和微生态平衡

通常情况下，在动物的胃肠道中，会有大量的有益菌群，它们是一个整体，并且它们相互依存、相互制约、优势互补，它们不仅可以起到消化、营养的生理功能，还可以对病原菌等有害菌的侵入和繁殖起到抑制作用，进而起到预防感染的保健作用。在饲料变更、断奶、运输、疾病、抗菌药物的长期、大量使用等应激作用时，动物消化道中的益生菌平衡会被打破，从而产生病态。微生态制剂随饲料、饮水进入消化道后，在其内定居、繁殖，建立有益的优势菌群，修复被破坏的微生态环境。

2. 营养助消化作用

例如，枯草芽孢杆菌、纳豆芽孢杆菌、沼泽红假单胞菌、酵母菌等，它们能够产生蛋白酶、淀粉酶、脂肪酶、纤维素分解酶、果胶酶、植酸酶等，它们与胃肠道固有的酶一起，共同对饲料的消化吸收产生促进作用，从而提高其利用率；通过合成维生素B、维生素K、类胡萝卜素、氨基酸、生物活性物质辅酶Q（CoA）以及一些未知因子来参与物质代谢，从而对动物的生长起到促进作用。可以通过乳酸菌和双歧杆菌来调节肠道的pH，同时还可以促进人体对维生素D、钙、磷、铁等矿物质的吸收。这既能发挥良好的营养功能，又能预防矿物质、维生素、蛋白质代谢障碍等营养代谢疾病，提高畜产品的产量和质量。

3. 保健作用

益生菌在肠黏膜内定居并大量繁殖，使得致病菌与有害细菌失去了生存的空间。同时，乳酸菌等所产生的乳酸，链球菌、芽孢杆菌所产生的嗜酸菌素，光合菌所产生的抗病毒物质，也都具有抑制病原微生物的作用。即益生菌和它们的代谢物，阻止了致病菌在消化道内的定居，并且即使致病菌定居也不能顺利地繁殖和存活，这便达到了预防感染的目的。经临床应用表明，微生态制剂能有效地预防和治疗大肠杆菌和沙门杆菌等细菌的感染。

4. 增强免疫力

乳酸杆菌通过一定的免疫调控因子,来激发肠道内的某些局部免疫反应,从而提高人体的抗体水平或者是巨噬细胞的活性,进而提升人体的免疫力。芽孢杆菌可以刺激淋巴组织,让淋巴组织处于一种高度"准备状态",同时对幼畜的免疫器官的发育具有一定的增速作用,使其成长过程加快,增加幼崽的 T 淋巴细胞和 B 淋巴细胞数量,增加幼崽的体液和细胞免疫能力,从而促进幼崽抵抗力的提升。

5. 减少肠道有害产物和圈舍臭味

禽畜圈内气味的主要成分是氨气、硫化氢、吲哚、尸胺、腐胺、组胺、酚等。这一切都是由 E.coli 引起的,它破坏了蛋白质。益生菌能促进蛋白质在动物体内的消化和吸收,并将非蛋白质氮转化为氨基酸和蛋白质,以供动物食用。同时,还能有效地抑制诸如大肠杆菌之类的有害细菌的腐败,减少散发恶臭等有害物质的产生;像芽孢杆菌这样的有益菌,可以产生能够分解硫化氢的酶,因此可以减少粪便中的氨、硫化氢等有害气体的浓度,而若希望达到除臭的效果,可以将氨的浓度降低70%,这样既可以保护养殖环境,又可以减少呼吸道和眼病的发生,这对人类的身体和畜产品的卫生都有很大的好处。同时,微生物制剂还能在一定程度上对饲料中的一些毒素、抗营养因子进行降解、解毒。

6. 提高产品品质

主要表现在药物残留明显减少,肉、奶、禽蛋的营养价值显著提高。如畜禽体内的腔脂少,肉体网状脂肪分布密而均匀,肉质鲜嫩;蛋类胆固醇含量降低,蛋白质含量提高等。经我国农业农村部绿色食品检测中心检测,产品质量可达到绿色食品标准。

四、植物微生态制剂

与动物微生态制剂相比,植物微生态制剂的研究与应用相对比较晚,与微生态制剂用于动物防病一样,植物微生态制剂也是从"有害生物综合防治"方面来开拓的。

1967年,联合国粮食及农业组织在罗马召开的专家会议提出了"有害生物综合治理",1975年,全国植保工作会议提出了"预防为主、综合防治"。1980年,北京农业大学陈延熙教授提出"植物体自然生态系"的概念,1986年,提出"植物生态病理学"理论,后来被称为"植物微生态学"。根据微生态学原理,为了调整微生物平衡,利用正常微生物群成员或其促进物质制成的微生物制剂,一般通称为微生态制剂。其生态效应有以下几个方面:调控已失调的微生态;调整生物个体内微生态环境,治疗、预防生物病原物的危害;通过拮抗、占领、竞争等作用,在微生态环境中使有害生物种群数量减少,危害降低;微生态制剂是活菌,除活菌作用外,通过活菌代谢产物改善微生态环境中化学及物理环境,达到增产保健的作用。

植物微生态制剂可分为以下几大类。

(一)微生物肥料

微生物肥料也叫细菌肥料、生物肥料。不同的国家有不同的名称,比如有许多国家称其为接种剂,而在日本则被称为微生物材料。构成的成分也多种多样。华中农业大学陈华葵院士论述微生物肥料的含义是:"指含有活微生物的特定制品,应用于农业生产中,能够获得特定的肥料效应,在这种效应的产生中,制品中活微生物起关键作用,符合上述定义的制品均应归入微生物肥料。"

从这个定义中我们应该看到,微生物肥料首先应该是由活的微生物所组成,具有特定的肥料效应,而这个特定效应的产生,依赖于微生物的作用。

根据微生物肥料的功能作用和组成,一般可以分为狭义微生物菌肥和广义微生物菌肥两大类:前者一般是指通过微生物的生命活动只起到肥料效应、多由单一微生物种群所组成的菌肥;后者是指通过微生物的生命活动,不仅仅产生肥料效应,而且可提高作物的抗病虫害能力,刺激作物生长的效应,通常是由多种微生物种群所组成的菌肥。

随着全球能量紧缺和环境污染现象越来越严重,微生物肥料在农业生产中正在发挥着越来越重要的作用,应用与研究越来越深入、越来越广泛。从100多年前的根瘤菌共生固氮到"VA"菌根菌,再到近年来的

第一章
绪　论

复合微生物菌肥,微生物肥料早已从室内研究被推广到农业生产实践中。20世纪80年代,由北京农业大学陈延熙教授研制的"增产菌"曾经大面积推广;20世纪90年代随着琉球大学比嘉照夫教授EM复合微生物技术被引入我国,复合微生物菌肥的研究和开发便开始蓬勃发展。

根据作用机理,应用比较广泛的微生物肥料主要有以下几大类。

1. 根瘤菌肥料

豆科植物-根瘤菌共生固氮目前已被科学证实。利用筛选到的优良根瘤菌,通过规模化繁殖,利用载体对其进行吸附而制备的根瘤菌肥,是一种具有广泛应用前景的菌肥。同时它还是微生物肥料中效果最稳定的品种之一。

当豆科种子萌发生根后,根系分泌物刺激相应的根瘤菌大量繁殖,聚集在根系周围,经过一定的生理生化过程后,根瘤菌侵染到豆科作物根内,最后形成了根瘤,在瘤内根瘤菌成为能固氮的类菌体形态,利用豆科作物提供的光合作用产物和氧屏障系统,将大气中的氮转化为氨,进而转化成谷氨酰胺等之类的优质化合物供豆科作物利用。有人形象地把根瘤菌比作"小化肥厂",这个比喻是再恰当不过了。除此之外,豆科-根瘤菌固定的氮素还有一部分随分泌过程和根瘤菌衰老破溃,留在土壤中供下一季作物利用。它所固定的氮绝大部分被作物吸收利用,这些都是化学肥料不可比的,这也是人类研究可开发利用的根本原因所在。

在农业生产中,根瘤菌肥料常用的剂型有琼脂菌剂、液体菌剂、矿油菌剂、蛭石菌剂及草炭菌剂等,这些剂型都有其优缺点。使用得较多的是草炭菌剂,其使用简便、易行,接种效果好于其他剂型,同时也方便运输、贮藏,每克含菌量一般在1亿以上。

2. 固氮菌类肥料

自生固氮菌是荷兰学者别依林克于1901年首先自园土及运河水中发现并分离出来的。在实验室条件下,自生固氮菌每利用1 g糖可固定30 mg的氮素。多数研究者认为,自生固氮菌在每公顷土壤上每年平均可积聚3.75～7.5 kg的氮素。

固氮菌除能够将植物根系及土壤空气中游离的氮气转变为植物可

利用的含氮化合物养料,供植物吸收外,还能形成维生素和促生长素,不仅能刺激农作物生长发育,也能加强其他根际微生物的活动,促进土壤有机物质的矿化作用,间接地影响植物的矿物质营养。如圆褐固氮菌(*Azotobacter chroococcum*)能形成维生素 B_{12}、维生素 B_1、维生素 B_6 和生长素等,还可溶解磷酸铁等难溶性磷酸盐而释放出水溶性磷。

3. 解磷解钾类菌肥

将土壤内部溶解的含磷、钾有机物和无机物分解成植物可吸收利用的营养元素。我国磷钾矿资源相对不足,磷钾矿分布又多集中在西南地区,同时农业生产对磷钾肥的需求日益增大。全国有三分之二的耕地因缺磷造成产量低。除人工施肥用化工磷肥外,施用能分解土壤中难溶解态磷的细菌制成的解磷细菌肥料,使其在农作物根际形成一个磷素供应较充分的微区,改善作物磷的供应,也是一个重要的途径。目前研究应用较多的有以下几种:

巨大芽孢杆菌(*Bacillus megatherium*);假单胞菌属(*Pseudomonas* sp.)的一些种;节杆菌属(*Arthrobacter* sp.)的一些种;氧化硫杆菌(*Thiobacillusthioxidans*);芽孢杆菌属(*Bacillus* sp.)中的一些种;一些丝状真菌和放线菌。

东北农业科学研究所将巨大芽孢杆菌制成菌肥在黑钙土上施用,不同作物增长幅度不同,平均增产黑钙土上为 13.5%,非黑钙土上为 11.7%。增长幅度范围为 6.1%～22.8%。

4. VA 菌根真菌肥料

菌根是土壤中某些真菌侵染植物根部后与其形成的菌－根共生体,包括由内囊霉科真菌中多数属、种形成的泡囊－丛枝状菌根(简称 VA 菌根)、担子菌类及少数子囊菌形成的外生菌根。与农业关系密切的 VA 菌根真菌,它是土壤共生真菌中宿主和分布范围最广的一类真菌,菌根的菌丝协助植物吸收磷、硫、钙、锌等元素和水分。由于菌根菌的人工培养不太容易,所以菌根菌肥料还不多见。

5. 复合微生物菌肥

复合微生物菌肥是在微生态学理论指导下,采用微生态工程原理和技术从自然界中优选出的一些有益(效)微生物复合培养而成的。它的主要菌种组成包括光合细菌类、乳酸菌类、芽孢杆菌类、酵母菌类、发酵型丝状菌类。复合微生物菌肥是由多种功能菌组合在一起的稳定的微生态系统。根据系统功能整合原理,其整体功能要大于各组成部分的功能之和并产生新的特性,因此复合微生物菌肥具有多种功能,既能提高土地肥力、促进植物生长、提高产量,又能提高作物的免疫功能和抗病能力,减少农药使用,提高产品品质,是目前研究最多、使用较广的微生物肥。

微生物肥料的主要功能不仅能增进土壤肥力,制造养分和协助农作物吸收养分,增强植物抗病和抗逆能力等,而且施用微生物肥料可以节约能源、不污染环境,具有用量少、无毒无害、无污染等优点。

(二)微生物农药

利用病原微生物治虫或防病是生物防治的重要内容,也是微生态制剂在种植领域利用和研究的重点之一。

1. 以菌治虫

用于治虫的微生物包括细菌、真菌、病毒、立克次体、原生动物及线虫等。伴随昆虫发生的微生物约有 1 165 种,到目前为止,其中细菌有 90 种(含变种),真菌 460 种,病毒和立克次氏体 260 种,原生动物 225 种,线虫 100 余种等。这些微生物绝大多数对人畜无害,但对害虫却能起着巨大防治作用,现分述如下。

(1)细菌。人类对昆虫致病性细菌的研究历史已近 1 个世纪,1969 年有人综述昆虫病原细菌的种和变种有 90 余种。目前研究与利用最广的是苏云金杆菌。现已发现,苏云金杆菌分属于 12 个血清型 19 个变种,至 1971 年全世界对苏云金杆菌敏感的昆虫已达 400 余种,其中对 80 余种农林害虫防治有效,防治效果达到 80% 以上的害虫有水稻的三化螟、稻螟蛉、稻纵卷叶螟、直纹稻苞虫等,棉花的灯蛾、棉大卷叶螟、棉铃虫、棉小造桥虫等,旱粮的玉米螟、高粱条螟、旋花天蛾,蔬菜的菜青虫、小菜蛾、苎麻赤蛱蝶、烟青虫、茶花虫,柑橘黄凤蝶,林木中的马尾松毛虫、西伯利亚松毛虫、沙枣尺蠖、刺蛾等。

苏云金杆菌对家蚕、柞蚕、蓖麻蚕亦能形成感染,应尽量避免植物受害。苏云金杆菌在人工培养基上生长良好，易于工厂化大量生产，生产出的芽孢或晶体的毒素制剂安全、无毒、杀虫有效、不污染环境，是比较经济的微生物杀虫剂，还可与少量杀虫剂混用，敏感昆虫吞食或接触后食欲减退、停食、行动迟缓、上吐下泻，经过 1～2 天即死亡，死虫软化，腐烂发臭。其芽孢在昆虫死前后均能感染其他的昆虫，因此是个长效的细菌杀虫剂。

20 世纪七八十年代，我国各地生产的苏云金杆菌已达 1 000 吨，均可用于粮、油、棉、烟、茶、麻、果树、园林等作物。但是近些年来，由于生产工艺和产品质量达不到应有的标准，应用范围越来越小，生产规模也不断缩小，应该引起关注。

近几年引进的治蚊细菌制剂以色列变种，可对 4 属 13 种的蚊虫防治有效。

（2）真菌。引起昆虫疾病的真菌共有 36 个属，其中主要是虫霉属、白僵菌属、绿僵菌属和曲霉属。

目前人们所利用的真菌制剂主要有白僵菌属和绿僵菌属两种。白僵菌用于防治玉米螟、大豆食心虫、松毛虫，苏联将其用于防治苹果蠹蛾和马铃薯虫甲也取得了良好的效果。绿僵菌可用于防治金龟子幼虫，日本将其用于防治松叶蜂、松梢螟，美国则将其用于生产生物农药。

（3）病毒。昆虫病毒是能使害虫致病直至死亡的可利用的昆虫病原。目前已知昆虫病毒有 260 多种，其中能由昆虫传带引起植物染病的有 77 种，能反复感染昆虫而使其致死。自从 1953 年北美利用昆虫防治叶蜂获得成功以来，美国、欧洲已对棉铃虫、菜尺蠖、菜青虫、斜纹夜蛾、天幕毛虫、松毛虫等十余种害虫进行实验，传染力可持续数年之久，反复感染，灭虫效果很好。由于病毒只能在活细胞内生长，故多用饲料昆虫培养。通常最简易的生产办法有三：一是在自然界采回昆虫，进行接种增殖病毒；二是在田间对害虫喷洒病毒，然后通过收回死虫提取；三是人工养昆虫接种增殖病毒。目前加拿大、美国、日本、德国均能生产核多角体病毒和颗粒体病毒，用于农业生产，已取得良好效果。

（4）线虫。线虫是可以寄生于昆虫体内并使昆虫致死的生物因子。目前已有 100 余种，其中有一种专一性不太强的新线虫属，能与细菌嗜线虫无色杆菌共生，使昆虫死于"败血症"。被线虫寄生的昆虫，体色变褐，体变软，体液多，不腐烂。线虫还可以在昆虫死体内外繁殖，又可转入新昆虫寄生。这类线虫已有18种,国际上已将它们用于防治多种害虫。

(5)立克次体。立克次体是一种球形或杆形的微生物(直径多为0.2 μm),介于细菌和病毒之间,能侵入昆虫的幼虫、蛹或成虫体内寄生,使昆虫幼虫第一次蜕皮后死亡,也能使蛹和羽化成虫死去。立克次氏体也可通过交尾传染,许多立克次氏体不仅对节足动物也对哺乳动物易感并致死。因此,利用立克次氏体防治害虫时须谨慎。

(6)原生动物。某些鞭毛虫、绿毛虫和孢子虫都与昆虫病原有关,新簇虫和微孢子虫是原生动物中最重要的两种昆虫病原,它们借助于抵抗力强的孢子,在昆虫中传播感染从而使昆虫死亡。由于原生动物都是专性寄生,人工培养又困难,因此目前尚未在生产实践中推广。

2. 以菌治病

利用微生物来防治病害,其作用有着双重寄生灭菌作用、抗生作用、营养竞争以及破坏或抑制病害和病原微生物的组织器官等。通过这些途径来降低或消灭作物病原物的活动和生存。如枯草杆菌可以产生多肽抗生素,能抑制真菌病害;噬菌体可用来防治细菌病害,如棉麦角斑病和烟草火疫病等。而由多种微生物组成的复合微生物菌剂则常以优势种群抑制有害微生物和病原菌的生长,提高作物自身的免疫功能,促进作物健康生长的多种效应来防治作物的病害,有着广阔的应用前景。

3. 以菌治草

利用微生物防治杂草的例子也很多,如多年生兰科植物灯芯草粉苞苣是澳大利亚南部麦田的主要杂草,20世纪60年代中期到70年代初期,人们发现一种侵染力极强的锈病对该杂草有极大的杀灭作用,致死率达50%～70%,小区实验的致死率达90%～100%,应用此方法每年可节省防治费2.5亿美元。另外,一种黑粉病菌和一种交链孢霉属真菌,则被应用于水生杂草凤眼莲的防除。

第三节　微生态制剂存在的问题及发展措施

一、微生态制剂存在的问题

进入21世纪,尽管微生态制剂在种植业、养殖业和环保业上的应用效果已经越来越多地被人们所接受,但是确实也还存在着一些亟待解决的问题,归纳起来主要有以下几个方面。

(一)必须树立对微生态制剂的正确认识

目前对微生态制剂大体上有几种不同的认识。

1. 对微生态制剂应用和研究持积极、欢迎的态度

持积极和支持观点的人认为化肥、农药、兽药对农牧业生产的危害,认识到食品和环境安全关系到国计民生,关系到出口创汇,他们不但从理论上对微生态制剂应用和研究的必要性和可行性有了充分的认识,还在实践中对其进行了认真的实验研究,并对其进行了总结,持续地提出了新的应用效果和方法,并积极地提出了对微生态制剂进行了必要的改进,其中包括了菌种组成,特别是新技术和新方法的使用。虽然他们中有一些人并不是微生物方面的专家、教授,但他们一直奋斗在科研、生产第一线,在实践中不断发现、不断改进、不断进步。在这本书里,有一些运用的方法和技巧,都是根据他们的实际经验而形成的;其中一些,还是经过他们自己摸索出来的。正因为他们的不懈努力,使得微生物制剂在临床上的应用与研究,在当今社会中得到了繁荣与发展,也必将迎来一个更美好的未来。只有这样,"光辉的抗生素时代之后,将是微生态制剂的时代"的预言,才能早日实现。

2. 对微生态制剂的应用与研究持消极甚至是反对的态度

持消极或反对态度的人,从心理上认为微生态制剂没有任何用处,或者从理论上说,他们不否认微生态制剂的作用,但事实上他们又只相信抗生素、农药和化肥,或从国外引进的昂贵物理化学处理设备。一些地方和一些部门,在实验期内,对微生物制剂的使用,取得了显著的效果,满足了国家的相关标准,比如在农业和畜牧业方面,生产出了绿色产品,在环境方面,微生态制剂的除臭性能已经达到了《恶臭污染排放标准》(新建、扩建、改建)的二级标准,但仍然以各种理由,不能继续推广。其中,有些人的看法是错误的,他们认为微小的微生物并没有多大的用处,所以他们怀疑和拒绝。应当承认,21世纪以来,由于微生态制剂在环境保护与治理方面所获得的巨大成就,对于在环境保护、污染治理、生态修复中应用微生态制剂的反对声音已逐渐减少,但是仍然存在着一些人因为某些原因而不愿意应用。

3. 对微生态制剂持保守态度

20世纪90年代,复合微生物制剂被发明出来的时候,国内大部分人对其持保守态度。那时,他们一方面觉得,当前农药、化肥、兽药等的大量使用,的确存在着许多问题,他们也想为食品安全、环保作出自己的贡献,也想让自己的产品变成无公害、绿色或有机产品,于是,他们对微生态制剂的应用产生了一些疑虑,但他们愿意尝试,成了值得庆祝,不成了就放弃。事实上,微生态制剂的应用,很多时候不仅取决于制剂本身,更和使用者的操作技巧有很大关系。在国内,微生态制剂的推广出现了不少阻碍,一方面是因为产品的质量不稳定,另一方面也是因为这些人对自己的产品不信任,没有多做研究,也没有坚持。另一方面,也是因为这些人对自己的技术不够自信,不够深入,不够执着。

4. 过分夸大微生态制剂的作用效果

某些科研成果拥有者,尤其是某些制药企业,对微生态制剂进行的宣传,往往存在着不合理的夸大,显得越是夸大越好。无论是在产品的质量方面,还是在产品的功能作用方面,都会使用一些不恰当的词语。例如,泛泛地提出用微生态制剂可以完全代替农药、化肥、兽药,甚至可以包治百病。这种做法不但不会提高微生态制剂的身价,反而会引起人们的怀疑,甚至是厌恶,不利于微生态制剂的推广。

(二)必须进一步加强对微生态制剂作用机理的研究

在相关的研究报道中,对微生态制剂在种植、养殖业上的增产、抗病、改善产品品质、提高生产和经济效益,在环境保护上的去除恶臭、促进污水净化、抑制蚊蝇滋生等作用效果有了较为充分的体现,在作用机理上也进行了一些研究。但是,就整体而言,这方面的研究尚不完整,需要进一步探讨。例如,微生态制剂对家畜鱼类等非特异性免疫功能的影响;动物肠道菌群结构的改变;微生态药剂处理后,植株体内和体外的菌群结构和菌群结构发生了变化。长期改善土壤特性的机制;研究了垃圾和污水处理中微生物菌剂的除臭效果,并对其抑虫机制进行了初步探讨。此外,还应关注在各种情况下,微生态制剂对细菌自身可能造成的影响,密切关注其变化趋势,以及可能出现的有害的变异与效应,并给出相应的防治措施。在此基础上,对微生物菌种组成、产物制备工艺及应用技术方法进行深入研究,从而进一步提升微生物菌种的开发与应用水平。

(三)必须提高微生态制剂产品的质量

前文已经说过,微生态药剂是由天然存在的有益微生物(功效)中筛选出的优良菌种构成;二是药效取决于活性活菌的数量。所以,如何持续地筛选出功能性强、共生性好、质量稳定的新型微生态制剂产品;如何采用更加先进的生产工艺来确保优质产品的生产;如何维持产品中菌的活力,提高制剂中活菌对不良环境的耐受能力,从而延长产品的保存期,是提升微生态制剂产品质量的几个关键因素。目前,从农业、畜牧业的实践来看,可将其进行真空干燥或制成微胶囊等;在环境治理方面,可采取适当的驯化栽培技术,以改善微生物的适应性、药效等。但是,在当前条件下,如何保证微生物制剂的质量,提高微生物制剂的药效,就显得尤为重要。

（四）必须尽快完善微生态制剂产品标准，消除市场产品混乱的问题

在国际和国内，微生态制剂的使用已经变得更加广泛，其产品也变得更加丰富。目前，在我国的市场上，有进口的，也有国产的，还有一些打着各种各样旗号，标注着各种各样的质量的，种类繁多。例如关于活菌数的标示，就有2亿/毫升、10亿/毫升、100亿/毫升、1000亿/毫升等多种。

为此，我国应逐步建立和健全工业生产和检验的标准，制定相关的法律、法规和具体的操作规程，实现工业生产的标准化。与此同时，还应该构建并健全市场的检查和监督机制，并将国际上常用的生产者责任制作为参考，如果发现厂商生产的商品不符合标准，或者是宣传材料不符合标准，那么不仅要追究责任，还要赔偿损失，而且还要在社会上对其进行批评，并责令其在一定时间内进行整改。

（五）必须加强应用技术研究和培训

一款好的产品，还需要一种好的应用技术和方法，才可以将它的效果完全发挥出来，特别是像微生态制剂这种应用范围很广的活菌制剂，正确的使用方式是让它发挥出最大功效的先决条件。

不管是在种植业、养殖业，还是在环境保护方面，因为使用对象的差异，使用时的气候、环境和生产水平的差异，所采用的技术和方法也存在差异。所以，一方面，我们必须在多种实验及应用中，不断地研究、总结出适合于不同目标的最优的技术及方法；在推广的过程中，我们要加大对技术手段的训练，同时也要多向用户学习，吸取他们的经验，从而使我们的技术更加完善。在实际工作中，我们也常常见到一些企业由于缺乏相应的技术实力，没有认真地向从业人员学习，编写的使用说明书非常不规范，有的甚至存在着漏洞；所谓的业务员对产品的性能和应用方法一知半解，道听途说，夸大其词，这些都是目前微生态制剂应用研究和推广中存在的一个很值得关注的问题。

总而言之，在微生态制剂的应用与研究中，还存在着一些必须解决的问题，其中有一些是可以避免的，也有一些是在新生事物发展过程中不可避免会出现的，但如果我们认真对待，它们都可以逐渐得到解决。

微生态制剂研究与应用

为此,我们希望广大有志于在微生物制剂的应用和研究中,尽快赶上国际先进水准的科技工作者、企业家和使用者,并为解决以上问题而齐心协力;同时,我们也呼吁各商业及行政主管部门,切实履行各自的责任,加强对企业的管理与监管,以避免同类问题再次出现。

二、微生态制剂发展措施

从世界发达国家对动物微生态制剂的研究开发现状来看,保证微生态持续发展的具体措施有如下几个方面。

(一)建立专业菌种资源库,向高效、专一制剂发展

发达国家普遍重视对益生菌菌种资源的搜集、保存以及资源库和基因库的建设,并积极以这些为基础,有效地、合理地开发利用益生菌。他们还为特定的动物,特定的阶段,特定的疾病,提供特定的微生态制剂,使得微生态制剂具有更强的专一性和更好的效果。要尽可能地以菌种的不同特性为基础,来设计出不同的产品,从而开发生产出适合于不同动物、不同生长阶段的多种高效益生素产品,这就成了益生素研究应用的关键。目前,除了各国家重点实验室、高等院校、研究所等已有菌种资源库外,还有许多大型饲用微生物公司或集团,例如,丹麦汉森、荷兰帝斯曼、芬兰维里奥、法国达能、日本养乐多等建立了自己的菌种资源库。

(二)广泛应用现代生物学技术,向工程菌进军

运用现代生物化学、分子生物学等方法,从菌种分类、重要生物学特性等方面对乳杆菌进行了系统、深入的研究。尤其是应用基因组学、蛋白组学、代谢组学、生物信息学等分子生物学技术,对乳酸菌菌株的分子特征、代谢特征、益生特性等进行全面的研究。这些新技术的应用,使益生菌筛选和鉴定的效率大大提高。以人类肠道微生物基因组为例,利用高通量测序技术,通过对人类肠道菌群的深度测序,获得了330万个非冗余的参考基因,推测人类肠道中有1 000～1 150种不同种类的菌种,平均每人体内有160种优势菌种,且为大多数人所共有。这些项目的研究将为深入了解动物和肠道菌群之间的相互关系提供重要的理

论依据。利用遗传学方法,获得部分不属于肠道的正常菌群的工程益生菌,使其能够"永久"定居于肠道内,从而有利于益生菌功能作用的发挥;利用基因工程技术,对功能微生态制剂进行研究,通过对一些优良菌种进行遗传改造(引入有用基因,比如利用必需氨基酸合成酶基因、疫苗抗原决定簇基因和生长激素基因等),让工程菌在肠道内就能产生某种必需氨基酸或某种病原菌的免疫保护蛋白,刺激机体产生抗体或生长激素等,从而减少氨基酸、抗生素或促长剂的使用。

(三)高密度发酵和制剂工程研究,研究更多的生长促进物质

在发酵制剂的生产工艺方面,通过对高效增菌、高密度培养工艺的优化,筛选出适合的菌种保护剂,开发出浓缩、冻干、喷雾干燥、低温冷冻真空喷雾干燥等技术;以抗逆能力不强的乳杆菌为对象,采用新的双包覆技术,制备出单一菌株、复合菌株的干粉及微囊型制剂;通过对不同菌株的合理搭配,并在微生态制剂中加入寡糖、免疫多糖、双歧因子等物质,可以有选择地促进动物体内的某些有益菌的代谢和增殖,从而提升动物的健康水平。这些物质既可起到促生长的作用,又可对微生物制剂起到良好的辅助作用。

(四)重视知识产权保护

日本、欧美等一些大的乳制品企业、乳酸菌生产企业,纷纷研发出世界著名的菌株、产品,推出了自己的品牌,并在市场上推出了益生菌制品。例如法国达能公司(Danone)的 Actimel(lactobacillus casei)DN-114 001,以及瑞士雀巢(Nestle)的 LC1(lactobacillus johnsonii La1 和 Lj1),日本养乐多公司(Yakult)的 Lactobacillus Casei Shirota(希罗塔)、丹麦丹尼斯克公司生产的 Howaru(豪沃鲁)等,这些在世界上享有很高声誉的益生菌种及其生产工艺均有专利权。

(五)开发利用肠道其他优势菌群

除了现在所用的一些具有生理活性的细菌可以用作微生态制剂的产生菌种之外,还有很多与动物的生理代谢密切相关的优势原籍菌群没有被发掘出来,随着科技的进步,以及对它们的深入研究,人们一定能够研制出对动物健康更加有益的新的微生态制剂。

微生态制剂研究与应用

　　因此,筛选出适合于临床应用的微生物菌种,对微生物菌种进行筛选是研发高效、安全的微生物菌种的关键。欧盟的相关研究表明,在选择菌种时,应从安全性、功效性和技术可行性三个角度来考虑。为此,研究人员应从益生菌中发现更多对植物有直接促进作用的优秀微生物,并运用微生物工程技术对益生菌进行定向改造,使之具有耐酸、耐热、抗药物等性能;若研制出了一种新的益生菌,则应研究其特点和作用机制,探讨抑制微生物灭活的技术方法,包括稳定工艺和微囊工艺。此外,还应加强多种细菌制剂的研制。在分子生物学飞速发展的今天,需要在微生物菌剂的制备中引入基因工程技术。通过对一些优良菌种进行基因改造,将必要氨基酸合成酶基因、疫苗基因等有益基因引入肠道中,让微生态制剂在肠道中就可以产生必需氨基酸或某些传染病病原的免疫保护蛋白,激发机体产生抗体,这样就可以免去了体外生产的复杂工业化过程和疫苗注射过程。综上所述,尽管微生态制剂还有很多缺点,但是科学总是在进步的,相信在未来的一段时间内,随着对微生态制剂的进一步研究和发展,将会有更多的有益菌株被发现,同时,对其作用机制和工程技术的研究也将会取得突破,从而更好地推动畜牧业的发展。

第二章

微生态制剂主要代表菌类概述

  微生态制剂中所用的益生菌有共同特征：一般都是源于宿主本身并能对宿主健康有一定的促进作用；对宿主的胃酸、各种消化酶等物质有一定的抵抗力，从而能有效地定植于动物胃肠道中，抑制肠内病原菌的黏附、定植、复制及其活性；能产生抗菌的代谢产物或细菌素，能选择性地调节微生物区系的组成，对食物中的病原体起一定的抑制作用；这些有益菌在微生态制剂产品制备及储存期间内能保持活性及稳定性，并能用于大量生产，具有经济价值。

第一节 乳酸菌类

乳酸菌是一类使食物变酸的细菌,它能将乳变酸,故称为乳酸菌。乳酸菌广泛分布于植物、动物、人体和整个自然界中;若不借助器材,则它无法被肉眼看见,极其微小,直径 0.1～1 μm,长度 0.5～40 μm。乳酸菌不仅可以使食物变得美味,延长其保存期,而且作为药品和保健食品,可以提高和改善人的健康状况,延年益寿;此外,还可作为微生物学和微生态学领域研究的模式生物。

一、乳酸菌的营养需求

与所有的微生物一样,乳酸菌的基本营养需求也是六大营养要素——碳源、氮源、能源、生长因子、无机盐和水。乳酸菌是化能异养微生物,其碳源兼作能源。

1. 碳源

碳源是指满足微生物生长繁殖所需的碳元素类营养物质。乳酸菌细胞碳元素含量约占其干重的一半,除水分外,碳源是其需要量最大的营养物。乳酸菌三个大属的主要碳源如下。

(1)乳杆菌属(*Lactobacillus*)。葡萄糖＞果糖＞麦芽糖＞半乳糖＞蔗糖＞甘露糖＞核糖＞乳糖＞纤维二糖＞蜜二糖。

(2)双歧杆菌属(*Bifidobacterium*)。葡萄糖＞蔗糖＞麦芽糖＞蜜二糖＞果糖＞棉籽糖＞半乳糖＞核糖＞乳糖＞阿拉伯糖、淀粉＞木糖。

(3)明串珠菌属(*Leuconostoc*)。葡萄糖＞果糖＞蔗糖＞海藻糖＞麦芽糖＞甘露糖＞半乳糖、乳糖＞核糖、木糖＞阿拉伯糖、蜜二糖＞棉籽糖、纤维二糖。

2. 氮源

氮源是指为微生物生长繁殖提供氮元素的营养物,由于乳酸菌蛋白质分解能力和氨基酸合成能力弱,故在人工培养时,需要添加含有多种肽类氨基酸的有机氮源,如牛肉膏、酵母膏、蛋白胨或番茄汁等。

3. 生长因子

生长因子是一类调节微生物正常代谢所必需的微量有机物,它通常不能依靠微生物用简单的碳源、氮源自行合成。广义的生长因子包括碱基、卟啉及其衍生物、甾醇、胺类、维生素、$C_4 \sim C_6$ 的分支或直链脂肪酸等,而狭义的生长因子一般仅指维生素。

乳酸菌对生长因子尤其是维生素依赖性很强,此外,许多乳酸菌还需要嘌呤、嘧啶或其相应的核苷或核苷酸作为生长因子。嘌呤、嘧啶的需要量一般为 $10 \sim 20$ μg/mL,而核苷和核苷酸浓度则一般为 $200 \sim 2\,000$ μg/mL。

二、乳酸菌的分离和培养

乳酸菌不同属种间既有其共性,又有各自的个性。现将乳酸菌中具有代表性的属种的菌株分离培养方法阐述如下。

(一)乳杆菌的分离和培养

1. 半选择性培养基

当乳杆菌是复杂区系中的主要菌时,常用 MRS 琼脂作为分离用培养基。APT 培养基通常用于从肉制品中分离绿色乳杆菌和其他乳杆菌及肉食杆菌。

2. 选择性培养基

当乳杆菌是复杂区系中的部分菌时,广泛采用 SL 培养基。SL 培养基被推荐用于分离广范围的乳杆菌,但通常使肉变质的绿色乳杆菌和其他适应非常酸性环境的种不能在其上生长;链球菌和肉食杆菌等也能被抑制,但大多数乳制品和发酵蔬菜来源的片球菌和明串珠菌,以及某些肠道来源的肠球菌、双歧杆菌和酵母可在此培养基上生长。

3. 不同生境乳杆菌分离培养基

（1）肉与肉制品。从肉中分离绿色乳杆菌及其他乳杆菌使用 APT 培养基,或使用添加 0.1% 的乙酸亚铊,调节 pH 值为 5.5 的 MRS 培养基,或使用调节 pH 值为 5.8 的 SL 培养基。使用酪蛋白水解物山梨酸培养基可以选择性地分离计数肉和肉制品中的乳杆菌；添加 0.2% 山梨酸钾的 MRS 培养基(pH 值为 5.7)更适于肉制品中乳杆菌的计数。

（2）口腔、肠道和阴道。SL 培养基最初是为分离口腔和肠道来源的乳杆菌而设计的,但某些双歧杆菌和肠球菌也可在其上生长,故需对其生长的菌落进一步鉴定。

（3）发酵蔬菜和青贮饲料。从青贮饲料分离乳杆菌可采用 SL 培养基,发酵蔬菜则采用 SL 和改进的同型腐酒培养基。

（4）酸面团。分离酸面团中的乳杆菌采用添加面包酵母的改进同型腐酒培养基。

（5）发酵饮料。发酵饮料中的乳杆菌已适应极特殊的环境,需采用不同类型的培养基,其中包括需要某些天然基质以提供分离菌株所必需而又未知的生长因子。番茄汁常可替代这些特殊的生长因子,此外还需与一些抑制因子共同使用。抑制因子如酵母菌、霉菌和乙酸菌等的耐酸微生物。双倍浓度的 MRS 培养基在灭菌前用啤酒调成正常浓度,可用于培养典型的啤酒乳杆菌；混合有过滤灭菌的麦芽汁和酵母自溶物的培养基适用于分离谷物糖化醪内的乳杆菌。

4. 培养环境和温度

多数乳杆菌在厌氧或增加 CO_2 分压的条件下生长较好,而在初始分离时效果会更好。将琼脂平板置于体积分数为 90% N_2+10% CO_2 的一个大气压的气体中,如培养基长出不同类型的菌落,则表明是不同的种或生物型。

人、动物和某些乳品来源的分离株培养于 37 ℃,其他生境的分离株一般在 30 ℃培养,低温来源的菌株在 22 ℃培养。

（二）链球菌的分离和培养

1. 转移培养基

链球菌经常分离自许多类型的临床标本，包括脓液、伤口、血培养物、体液和活组织检查样品等。采集的临床标本如取样后不能立即进行分离，可放置在转移培养基中，通常使用还原转移液（RTF），适用于在室温下放置临床标本或链球菌的菌系。

2. 选择性培养基

分离口腔链球菌有两种选择性培养基，一种是酪朊水解物酵母膏胱氨酸（TYC）培养基，另一种是轻型唾液（MS）琼脂培养基，其中含有蔗糖，使某些链球菌在此培养基上生成特征性的胞外多糖。分离变形链球菌有两种选择性培养基——MSB 培养基和 TYCSB 培养基，分别是在 MS 或 TYC 培养基中加入杆菌肽，并增加蔗糖的含量。MSB 培养基是在 MS 培养基中加入 0.2 U/mL 杆菌肽，其中蔗糖含量 15%；TYCSB 培养基是在 TYC 琼脂中加入 0.1 U/mL 杆菌肽，其中蔗糖含量 15%。对于 B 群链球菌的选择性培养基通常以磺胺二甲恶唑（sulfamethoxazole）、大肠菌素和结晶紫等作为选择因子。

3. 链球菌的培养

实验室中培养链球菌常使用各种含血的琼脂培养基。添加了 5% 动物血（羊或马血）的培养基中，有少量或不含还原糖（如布氏培养基、脑心浸液等），对培养链球菌和检测溶血是极好的培养基。国外某些实验室使用销售的成品培养基，例如：脑心浸液（BHI）、Todd Hewitt 培养液等。

（三）肠球菌的分离和培养

肠球菌营养要求复杂，通常使用含蛋白胨或其类似物的培养基，也可培养于脑心浸液和其他具有丰富营养的培养基中。大多数盲肠肠球菌需在含 3% 以上 CO_2 的气体中生长。

用于肠球菌分离和培养的选择性培养基约有 60 种，但这些培养基大多数也支持某些链球菌的生长。叠氮化钠是最为广泛应用的选择剂，大多数培养基含有 2～5 g/L 叠氮化钠。由于肠球菌一般抗卡那霉素（氨基糖苷抗生素），因此分离时可将 20 μg/mL 卡那霉素和叠氮化钠联合使用。卡那霉素七叶灵培养基即为这类培养基。

（四）乳球菌的分离和培养

乳球菌未在土壤和粪便中发现，仅少量见于奶牛体表和唾液。乳酸乳球菌（*Lc.lactis*）、格氏乳球菌（*Lc.garviae*）、植物乳球菌（*Lc.plantarum*）、棉子糖乳球菌（*Lc.raffinolactis*）和乳酸乳球菌双乙酰乳亚种（*Lc.lactis subsp.diacetylactis*），一般可从新鲜和冷冻的谷物、玉米长须、豆类、卷心菜、莴苣或黄瓜等植物直接分离或富集；生牛乳中含有乳酸乳球菌乳亚种（*Lc.lactis* subsp.*lactis*）、乳脂亚种（*Lc.lactic subsp.crermoris*）和双乙酰乳亚种，这些可能是由于挤奶时从乳房外部和喂食的饲料进入的。迄今为止，乳酸乳球菌乳脂亚种除了牛乳、发酵乳、干酪和发酵剂外，尚无别的生境。

（1）富集和分离。植物是乳球菌的天然来源，青贮饲料的发酵过程有利于乳球菌、明串珠菌和片球菌的富集培养。此外，从乳制品中也可分离乳球菌。

（2）分离培养基。通常使用的乳球菌分离培养基有两种，一种是 Ellilker 培养基，广泛用于分离和计数乳球菌；另一种是添加 1.9%β-甘油磷酸二钠的 M_{17} 培养基，用于分离乳酸乳球菌乳脂亚种、乳酸乳球菌乳亚种和乳酸乳球菌双乙酰亚种以及唾液链球菌嗜热亚种（*S.salivarius subsp.thermophilus*）的所有菌株及其缺乏发酵乳糖能力的变异株。

（五）明串珠菌的分离和培养

在天然和人工的食品以及植物环境中，明串珠菌总是与其他乳酸菌在一起，作为其中的菌系之一。大多数明串珠菌的营养需求和生理性状与乳杆菌、片球菌和其他的乳酸菌相似，要选择性地采用一步操作法获得明串珠菌的纯培养物比较困难。

1. 半选择性培养基

草本植物、蔬菜和青贮饲料是明串珠菌的自然生境。明串珠菌在含有2%食盐的蔬菜自然发酵初期占优势,因此可在发酵早期有选择性地富集明串珠菌。通常根据这类菌的优势情况可选用半选择或非选择性培养基来培养,如 MRS 或 APT 培养基。在 MRS 琼脂培养基加入0.2%的山梨酸钾,调节 pH 值为5.7,用于从肉制品中分离明串珠菌和乳杆菌;当乳杆菌在此生境中占优势时,使用乙酸铊培养基可以有选择性地从肉制品中分离出串珠菌,但肉食杆菌抗乙酸铊,故而也能在此培养基中生长。对于分离乳品中的明串珠菌可使用半选择性培养基,如 MRS 培养基和 SL 培养基,但乳杆菌和片球菌可在其上生长,所以菌落需进一步鉴定。

2. 选择性培养基

明串珠菌生长较慢,添加0.05%半胱氨酸–HCl可刺激其生长。大多数明串珠菌可在含酵母提取物和葡萄糖的牛乳中生长,但牛乳不是其生长的适宜培养基。选择性培养基可采用 HP 培养基和蔗糖硫胺培养基等。

三、乳酸菌在食品中的应用

(一)乳酸菌在乳制品中的应用

乳酸菌在各种乳制品中的应用已有数千年的历史,牛乳经微生物发酵加工而成的产品统称发酵乳制品。

1. 酸乳的种类

酸乳是指以牛乳(或奶粉加工的还原乳)为原料经乳酸菌发酵使乳中蛋白质絮凝而成的胶状物产品。依产品类别分为:①纯酸乳,指以牛乳或奶粉为原料经发酵制成的产品;②调味酸乳,指牛乳中添加食糖、调味剂等辅料后发酵制成的产品;③果料酸乳,指牛乳发酵后添加天然果料等辅料制成的产品。依酸乳的物理性状分为:①凝固型酸乳,将接种发酵剂的牛乳直接装入销售容器中静止培养,这样制作的酸乳不具备流动性,能成型;② W 型酸乳,将接种发酵剂的牛乳先进行保温培养,然后搅拌和分装,这样制作的酸乳有一定流动性,不成型。

目前市场上十分流行酸乳饮料,虽然其口感、风味都颇似酸乳,而且有的也是通过乳酸菌发酵制成的,但其中的乳蛋白含量远低于生乳,并非由完全的纯牛乳加工制成。有的儿童酸乳饮料乳蛋白仅含1%,也有的是通过添加乳酸、柠檬酸等调配而成的,根本不含乳酸菌。按照国家对酸乳所规定的标准,这些只能称为酸乳饮料而不能称为酸乳。

2. 酸乳发酵的微生物菌种

酸乳发酵的微生物菌种主要有嗜酸乳杆菌(*Lb.acidophilus*)、各种双歧杆菌(*Bifi.dobacterium*)、瑞士乳杆菌(*Lb.helveticus*)、德氏乳杆菌德氏亚种(*Lb.delbrueckii subsp delbrueckii*)、嗜热乳杆菌(*Lb.thermophilus*)、干酪乳杆菌(*Lb.casei*)、乳酪链球菌(*Lc.lacti* subsp.*lactis*)、乳脂链球菌(*Lc.Lacti* subsp.*cremoris*)和双乙酰乳链球菌(*S.diacetilatis*)等。

目前,国内市场出售的各种酸乳主要由保加利亚乳杆菌和嗜热链球菌两种微生物发酵制成。这两种菌混合发酵不仅能产生令人愉悦的酸乳风味物质和特殊香味,而且混合培养能相互提供彼此生长所需的物质和促进产酸,这更有利于工业生产。保加利亚乳杆菌作用于牛乳后能很快分解乳中的蛋白质,生成小肽和氨基酸,这些物质正是嗜热链球菌生长所需;而嗜热链球菌作用于牛乳中某些物质后却能很快地产生甲酸类物质,后者又正是保加利亚乳杆菌生长所需。

3. 酸乳的制作工艺

利用牛乳制作酸乳的过程包括:原料选取、均质、加热灭菌、制备和添加发酵剂、主发酵、后熟等。

(1)原料选取。一定要选用健康奶牛生产的优质新鲜牛乳且不含抗生素。由于乳酸菌对抗生素十分敏感,因此凡使用抗生素等药物的奶牛产生的牛乳切忌用于生产酸牛乳。新鲜牛乳通常还需要过滤以除去可能存在的各种杂质,如牛乳中存在的小颗粒类物质、部分细菌、酵母细胞以及霉菌孢子等才能用于生产酸乳。

（2）均质。指将乳液通过一定压力的均质泵,使乳中各种物质均匀地悬浮于乳中并形成均匀的组织状态,防止乳脂上浮而分离,同时减少乳清分离析出,提高产品的黏稠度。为了提高均质效果,均质前先将乳液预热至50～60℃,然后经2.5～10 MPa进行均质。

（3）加热灭菌。一般采用90～95℃,15 min,也可用130～140℃,15～45s,或70～90℃,30min。灭菌后应迅速冷却至40～45℃。加热灭菌的作用有以下几方面:①杀死乳中存在的致病菌和其他微生物;②使乳清蛋白变性,有利于提高产品的黏稠度和组织状态;③除去乳中存在的氧,降低物料的氧化还原电势;④使部分蛋白质水解,以利于乳酸菌生长;⑤防止乳清分离。

（4）制备和添加发酵剂。发酵剂主要有液态和粉剂两种类型。如果从液态保存物或斜面保存菌种开始,则应该经制备母发酵剂、中间发酵剂和工作发酵剂等几个步骤,最后转入主发酵。母发酵剂的培养一般都采用石蕊牛乳培养基,中间发酵剂采用不加石蕊试剂的脱脂乳为培养基。在母发酵剂和中间发酵剂阶段,保加利亚乳杆菌和嗜热链球菌两种菌可分开单独培养,在37℃温度下培养过夜。工作发酵剂是主发酵前一级的发酵剂,它的用量必须根据主发酵规模而定。工作发酵剂可用与主发酵相同的物料在不锈钢容器中进行培养,工作发酵剂凝乳后应尽快转入主发酵罐中,切不可放置太长时间。母发酵剂、中间发酵剂和工作发酵剂培养完成后都应进行酸度测定和生香物质的检测。如果主发酵规模较大,可以采取多级中间发酵逐步扩大的办法来完成。粉剂一般是经浓缩、冷冻干燥而成的,活菌含量很高(可达10^{11}～10^{12} CFU/g),因此可以直接投入主发酵罐中进行发酵或经工作发酵剂一次扩大而进入主发酵。

（5）主发酵。接入主发酵罐后的保温培养要根据酸乳的品种而定。一般凝固型的酸乳是将工作发酵剂接入后立即搅匀并分装于小容器中,保证在1 h内分装完毕,然后置于42℃下培养。一般培养2.5～4 h,pH值即可降至4.3～4.5,并产生凝乳。若测定酸度在70℃左右,此时就可结束主发酵。

（6）后熟。指主发酵结束后将装乳的小容器转移至冷室中放置过夜,进行后熟。后熟过程中冷却的速度相当重要,冷却速度太快,会引起乳清分离;速度太慢,会使酸度继续升高而超过标准。一般认为在1 h

左右温度降至10～15℃为好。冷却放置过夜后就可作为成品供应市场。

制作果味、果料等搅拌型酸奶,在接入工作发酵剂并搅匀之后直接在发酵罐中保温,使物料维持40～45℃。当pH值降至4.3～4.5出现凝乳时,停止发酵,然后开始搅拌并降温至10℃,同时加入预先制备好的果酱、果料等物质,搅匀后再分装于小型容器中。分装好的酸乳也应继续放于低温下保存。

（二）乳酸菌在肉制品中的应用

发酵肉制品主要应用的是乳酸菌,我国云南省的傣族人民有食用酸肉的习惯,即将鲜肉切片放置于密闭的容器中,使之经过1～2个月的乳酸菌发酵后食用,既有肉香味,又有乳酸菌发酵的酸味。随着肉类加工技术的不断提高,微生物发酵肉制品的研究不断深入,乳酸菌在肉制品中的应用日益广泛。

1. 乳酸菌发酵香肠

乳酸菌发酵香肠是指将碎肉、动物脂肪、盐、糖、发酵剂、香辛料等混合灌入肠衣,经乳酸菌发酵、干燥成熟（或不经干燥成熟）而制成的具有稳定的微生物特性和典型的发酵香味的肉制品。依据最终加工产品的水分含量可将发酵香肠分为干香肠（失重30%以上）、半干香肠（失重10%～30%）和不干香肠（失重10%以下）；也可以根据产品的发酵程度分为低酸发酵香肠和高酸发酵香肠。

（1）乳酸菌发酵香肠的生产工艺流程为：原料肉→切碎→搅拌（添加辅料和接种乳酸菌发酵剂）→灌肠→发酵→成熟→干燥成品。

（2）乳酸菌发酵香肠的主要工艺操作要点如下。

①原料肉的选择最为关键原料肉应具有较高的持水性和蛋白质含量,脂肪必须是高熔点、低含量的不饱和脂肪酸,因此,必须选用瘦肉比例高（60%～80%）的鲜肉。

②糖的添加。制作发酵香肠时,通常都需要在原料中按一定比例添加发酵糖类（葡萄糖和蔗糖）,以满足乳酸菌发酵的碳源需求,一般欧式半干烟熏香肠添加0.4%～0.8%的发酵糖;意大利香肠添加0.2%～0.3%的发酵糖;美式香肠添加2%的发酵糖。

③接种量的确定。由于原料肉未经杀菌处理,肉中的杂菌可在发酵

中生长,在发酵初期接种的乳酸菌必须迅速生长,成为优势菌,从而抑制其他杂菌的生长,以保证产品质量,因此接种量的确定就显得非常重要。通常接种量为 $10^7 \sim 10^8$ CFU/g。

④腌制剂的添加。发酵香肠中通常加入 2.4%~3% 的盐,这不仅可以抑制或延缓许多不利微生物的生长,促进乳酸菌和小球菌的繁殖,而且盐可与肌原蛋白纤维结构发生作用,溶解蛋白质在肉粒周围形成的黏膜。此外,加盐还可以增加发酵香肠的风味。

发酵香肠的制作中通常还要加入硝酸盐或亚硝酸盐,硝酸盐用于成熟期长的干香肠,而亚硝酸盐用于其他的发酵香肠。亚硝酸盐的量不能超过 150 mg/kg,抗坏血酸钠经常与亚硝酸盐混合使用,可加速腌制的颜色和风味,一般抗坏血酸钠添加量为 300~500 mg/kg,如果生产生香肠,则加入硝酸盐的量应控制在 600~700 mg/kg。

⑤其他香辛辅料的添加。发酵香肠的制作中可加入各种香辛料,如胡椒粉、豆蔻、茴香、肉桂、辣椒、姜、蒜等。红胡椒、芥末、豆蔻可加速乳酸的形成,原因是这些香辛料中含有锰,锰是乳酸菌各种酶活性所必需的微量元素。添加蒜、迷迭香、鼠尾草等可延长香肠的保质期,原因是这些香料中含有强抗氧化剂。

⑥发酵及成熟条件的控制。原料肉在加入绞肉机之前需冷却或冷冻,然后加入糖、腌制剂和香料。脂肪组织在冷冻条件下绞碎,然后加到混合物中。混合物填充入肠衣之前,应尽可能多地去除其中的氧,填充过程中温度不宜超过 20℃。最常用的肠衣是天然动物肠衣或变性胶原和纤维素制成的肠衣。

香肠的发酵温度与时间成反比,如在 20℃、相对湿度为 92% 的条件下,发酵 3~4 天,pH 值即可达 5.0~5.2。而高温(38℃)时,24 h 即可完成发酵。但如条件控制不好,杂菌生长的可能性也会增加。在干燥成熟阶段,控制湿度非常重要。最好使香肠表面水分蒸发的速度与香肠内部的水分向表面扩散的速度相等,因此,通常控制成熟室的相对湿度比香肠中的相对湿度低 5%~10%,即 85%~90%,空气流速约为 0.4 m/s。香肠的成熟时间也与温度有关,高温发酵成熟期短,几天内即可成熟,低温发酵的香肠成熟期需几周。一般成熟阶段的温度为 15~18℃。成熟的香肠通常还需在 12~15℃ 的温度下老化,老化过程中一般使相对湿度逐渐降低,同时控制空气流速约为 0.1 m/s,以便于水的排出,使香肠均匀干燥。

2. 乳酸菌发酵火腿

(1)乳酸菌发酵火腿的工艺流程为:原料肉→腌制→切割→添加配料→添加乳酸菌→成型→发酵→成熟→成品。

(2)乳酸菌发酵火腿的操作要点:选取优质原料肉,剔除筋腱、脂肪等,切成 0.25 kg 的肉块,添加食盐、硝酸盐等配料,在 0～5℃下腌制 24h;然后切成 1 cm³ 的肉丁,添加糖类、香辛料等混合均匀,再添加以每克肉含 10^6～10^7 CFU 的乳酸菌,装模成型;在乳酸菌最适宜温度下发酵 12～24 h;最后在(90±2)℃水中煮 1.5～2 h,使其中心温度达 78℃左右时,冷却、脱模即为成品。

(三)乳酸菌在果蔬发酵中的应用

乳酸菌在果蔬发酵中的应用最普遍的是乳酸菌发酵蔬菜。蔬菜中含有丰富的维生素、纤维素和矿物质,利用乳酸菌对蔬菜发酵不仅有利于保持蔬菜的营养成分和色泽,而且发酵蔬菜中的乳酸菌摄入消化道后,具有增强机体免疫力的作用,同时还可以促进肠胃蠕动,具有治疗便秘的作用。

1. 乳酸菌发酵泡菜

乳酸菌发酵泡菜是在洗净的蔬菜中加入配料,使乳酸菌利用蔬菜中的可溶性养分进行乳酸菌发酵。制作泡菜的原料大多选择固形物含量高的蔬菜,如白菜、萝卜或甘蓝等,其优点是耐物理冲击,且发酵时产生的废水较少。乳酸菌发酵泡菜时可加入大蒜、生姜、辣椒、洋葱等具有天然抑菌作用的辅料。

乳酸菌发酵泡菜的工艺流程如下。

(1)分拣整修。检查蔬菜,剔除黄叶、腐烂和不宜食用的部分,整修。

(2)切分。通常白菜是纵向两分或四分,甘蓝、萝卜等切成小块,大蒜和生姜切片,辣椒切丝。

(3)加盐及辅料。一般加盐量为 2%～2.5%,加糖量为 2%～3%,

搅拌均匀，同时还可适当加入一小块苹果或梨以补充乳酸菌发酵所需要的维生素。

（4）接种。传统泡菜使用老泡菜汁进行接种，现代则使用纯菌种发酵，发酵的菌种一般有植物乳杆菌、肠膜明串珠菌或植物乳杆菌、肠膜明串珠菌与其他乳酸菌混合培养的菌种，也可接入保加利亚乳杆菌和嗜热链球菌混合培养的菌种。

（5）发酵。接种混匀后把菜分装在容器中，压紧，加盖严密水封，进行乳酸菌发酵温度 20～25℃，控制蔬菜发酵的 pH 值至 4.2，发酵时间约为 2 天。

（6）保存。将发酵好的泡菜置于冷库中保存，冷链运输。

2. 乳酸菌发酵酸菜

酸菜是一种自然发酵的蔬菜，在腌制过程中，主要是黄瓜发酵乳酸菌、胚芽乳杆菌、植物乳杆菌等。若在腌制酸菜过程中人工接入适量优良的混合乳酸菌菌株，则可有效提高酸菜的风味。

3. 乳酸菌发酵果蔬汁饮料

通常情况下，乳酸菌可以发酵苹果汁、雪梨汁、橙汁、番茄汁、胡萝卜汁等各种果蔬汁。乳酸菌发酵果蔬汁的工艺流程为：果蔬汁→加糖、灭菌→冷却→接种→发酵→灭菌→成品。通常选用嗜热链球菌和保加利亚乳杆菌混合菌种或植物乳酸菌、嗜酸乳杆菌和其他乳酸菌混合发酵蔬菜汁，先将菌种活化 2～3 次，用复合蔬菜汁和脱脂奶粉培养基扩大培养。以乳酸菌数为 10^8 CFU/mL 的种子液作为工作发酵剂。

将预处理好的果蔬汁装入发酵罐中，在 90～95℃灭菌 20 min，冷却到 43℃接种，接种量为 3%～4%，40～43℃保温发酵至 pH 值为 4.0～4.5，乳酸含量为 0.85%～1% 时结束发酵。发酵结束时使发酵罐内温度迅速升温至 70℃以上，以杀死乳酸菌。

果蔬汁经过乳酸菌发酵后，谷氨酸、天冬氨酸以及一些风味物质，如双乙酰、乙酸乙酯、2-庚酮、2-壬酮等含量都有所增加。

（四）乳酸菌在酿造工业中的应用

1. 乳酸菌在酿酒中的应用

（1）乳酸菌在葡萄酒酿造中的应用。

乳酸菌在葡萄酒酿造中的应用主要是乳杆菌属（*Lactobacillus*）、明串珠菌属（*Leuconostoc*）、片球菌属（*Pediococcus*）等将葡萄酒中酸涩味较强的苹果酸经脱羧而生成酸味比较柔和的乳酸和二氧化碳，该过程称为苹果酸－乳酸发酵（malolactic fermentation，MLF）。发酵过程中葡萄酒的酸度降低，pH值上升0.3~0.5，降低了酒的酸涩味和粗糙感，突出果香和酒香。

乳酸菌还可以利用葡萄酒中的糖和柠檬酸产生一些风味副产物，其中最重要的是双乙酰及其衍生物，它们主要来自柠檬酸代谢；此外，其他风味物质如乙酸、琥珀酸二乙酰、乙酸乙酯和其他挥发酸、酯和高级醇等的浓度也有所增加。

乳酸菌在葡萄酒酿造中的工艺要点：发酵所用乳酸菌主要是乳杆菌、酒明串珠菌和乳球菌，发酵条件为葡萄酒pH值3.0~4.0，温度20~22℃，酒精度<10%，原料中SO_2浓度<70 mg/L。

（2）乳酸菌发酵乳酒。

乳酒是一种营养丰富、味道独特的新型发酵乳饮料。乳酸菌发酵牛乳酒的工艺为：牛乳添加8%的糖，首先接入8%的酵母菌，30℃发酵22 h，然后再接入5%的乳酸菌，40℃发酵2 h。成品指标：酒精度为0.6%，乳酸含量为1.05%，凝乳状态良好，无脂肪及上清液析出，乳白色不透明，酸度适中，有较浓厚的醇香味，口感细腻、滑润。

（五）乳酸菌在谷物制品中的应用

1. 乳酸菌在黑麦酸面包中的应用

黑麦酸面包是以黑麦面粉或小麦面粉加黑麦面粉为主要原料，添加酵母菌、乳酸菌和水等调制成面团，经发酵、烘烤而成。黑麦酸面包与普通面包的生产过程基本相同，只是在发酵剂中除添加酵母菌外，还添加乳酸菌。

黑麦酸面包制作的工艺流程如下。

（1）调制面团。首先将原料、辅料、发酵剂和水混合，调制成面团。原料选取蛋白质含量高的黑麦。发酵剂是酵母菌和乳酸菌，其中乳酸菌主要是乳杆菌属，常用的有植物乳杆菌、短乳杆菌和发酵乳杆菌。接种量一般为0.5%。

（2）发酵。多采用二次发酵法。第一次调制面团时，将约半量的原料、辅料、水和全部发酵剂混合、搅拌、调制成面团后，在25～30℃的温度下经2～4 h后进行第一次发酵；然后进行第二次调制面团，即将第一次发酵好的面团和剩余的原料、辅料，加水和油脂，经搅拌制成有弹性、性能好的面团进行第二次发酵，发酵时间和温度与第一次基本相同。

（3）烘焙。烘焙时间要根据炉温、炉型和面包坯的形状、大小而定。最终醒发的面包胚在高温作用下，不仅色泽金黄、组织蓬松，而且香气浓郁。

2. 乳酸菌在苏打饼干中的应用

苏打饼干是使用发酵面团生产的饼干，传统的制作主要靠面粉内存在的微生物发酵，现在主要采用活性干酵母。苏打饼干发酵中使用的酵母主要是啤酒酵母，乳酸菌主要是植物乳杆菌、德氏乳杆菌和布氏乳杆菌，其中乳酸菌的作用主要是参与风味的形成。

3. 乳酸菌在谷物发酵饮料中的应用

（1）乳酸菌发酵格瓦斯饮料。

格瓦斯是以面包或谷物为原料，经酵母菌和乳酸菌共同发酵而成的酒精含量很低的饮料。格瓦斯发酵属于不完全的乳酸发酵和酒精发酵。酵母菌和乳酸菌在发酵中是共生关系。格瓦斯采用异型乳杆菌进行异型发酵，目的是积累乳酸使格瓦斯形成特殊的风味，并抑制杂菌生长。

（2）乳酸菌发酵大米饮料。

乳酸菌发酵大米饮料是大米中的淀粉先经糖化发酵，然后再经乳酸菌发酵制成的一种营养丰富、风味独特的保健功能饮料。

乳酸菌发酵大米饮料的工艺流程为：大米浸泡7～10 h后与5倍质量的水混合磨成米浆，再在90～95℃的温度下糊化30 min，蒸煮杀菌后冷却至 55～60℃，调 pH 值至 5.5～6.0；然后添加大米质量 5% 的糖化酶、适量的麦芽汁，糖化后再添加 5% 的奶粉，过滤冷却后接种 3% 的保加利亚乳杆菌和嗜热链球菌，43℃发酵至 pH 值为 4.0；再经后发酵，添加适量的稳定剂等，最后调配、均质、灌装。

（3）乳酸菌发酵玉米饮料。

玉米经乳酸菌发酵后，不仅含有氨基酸如赖氨酸、蛋氨酸等，维生素如 B 族维生素，烟酸、叶酸等，寡糖及多种矿物质等多种营养保健成分，而且增加了乳酸菌代谢分解的多种生物活性物质，是一种具有多种保健功能的饮料。

乳酸菌发酵玉米饮料的工艺流程为：玉米去皮、去胚芽后与 5 倍质量的水混合，粉碎研磨后过滤，添加 0.3% 的淀粉酶、85℃液化 30 min，再在 70℃、15～20 MPa 的压力下均质，然后加热至 100℃保持 15 min，冷却至 42℃后接种乳酸菌发酵至 pH 值为 4.2 时即可。发酵菌种一般为保加利亚乳杆菌和嗜热链球菌或双歧乳杆菌和嗜酸乳杆菌。

四、乳酸菌在畜禽养殖中的应用

我国是世界畜禽养殖大国，畜禽养殖有着悠久的历史在大规模养殖场，畜禽容易受到应激、疾病和环境等影响而造成一系列经济损失。近年来，为了控制疾病而大量使用抗生素所带来的弊端日益暴露，因此乳酸菌替代抗生素作为绿色饲料添加剂应用于畜禽养殖业是未来的发展趋势。

乳酸菌作为单一菌剂或复合菌剂能够促进反刍动物的生长，提高其生产性能。除了促进生长、提高生产性能外，乳酸菌对调节消化道微生态环境、维持肠道菌群平衡、预防和治疗腹泻方面也有重要作用。

五、乳酸菌在医疗保健中的应用

1. 乳酸菌在胃肠道疾病中的应用

据统计，人体中微生物数目达 10^{13}～10^{14} 个，超过了人体细胞总数，其中胃肠道中微生物在人体微生物中具有最重要的作用，目前已被分离、鉴定的胃肠道微生物菌种有400多种,大多为厌氧菌。

许多临床试验证实,日常服用乳酸菌能够有效预防与治疗肠胃疾病。目前,乳酸菌在治疗腹泻(病毒性腹泻、抗生素诱导型腹泻)、便秘、肠炎和再发性结肠炎等方面具有良好效果。

病毒性腹泻是由轮状病毒或食物中的一些病菌(如沙门氏菌、大肠埃希氏菌等)引起的。轮状病毒侵入肠道后,首先在小肠上皮细胞上进行复制,然后再破坏肠壁黏膜上的绒毛组织,使得肠道通透性提高而造成腹泻。沙门氏菌等致病菌入侵胃肠道后,会破坏胃肠道菌群平衡,组建有害菌微生态,从而引起腹泻。研究表明,许多乳酸菌(如嗜酸乳杆菌、植物乳杆菌、干酪乳杆菌等)都能有效缩短腹泻持续时间,重建健康胃肠道微生态系统。

2. 乳酸菌在美容中的应用

将乳酸菌发酵液直接或调和护肤营养粉涂抹在面部皮肤上,可以起到美容的作用。乳酸菌的代谢产物(乳酸等)不仅能帮助皮肤恢复弱酸环境,而且富含多种极易被皮肤吸收的营养成分(维生素等),能补充皮肤所失营养,此外,乳酸菌能有效抑制皮肤表面寄生微生物(如螨虫)的生长繁殖。

服用乳酸菌制剂能调节肠内菌群平衡,将体内毒素及时排泄出,保证体内清洁健康环境;乳酸菌制剂还能完善人体营养代谢,抑制有害菌的繁殖,防止因吸收毒性物质引起的皮肤老化和色素沉积,从而起到美容的作用。

六、乳酸菌的其他应用

1. 乳酸菌在青贮饲料中的应用

青贮饲料是利用乳酸菌的发酵机能,将新鲜的牧草或饲料作物切短装入密封的青贮设施,如窖、壕、塔、袋等中,经过微生物发酵作用,制成一种具有特殊芳香气味、营养丰富的多汁饲料。它能够长期保存青绿多汁的特性,具有家畜适口性好、营养价值高的特点,可扩大饲料资源,保证家畜均衡供应,因此已被世界许多国家广泛利用。

青贮饲料的品质与发酵过程中的多种微生物相关,但起主要作用的还是乳酸菌。与青贮饲料发酵相关的乳酸菌包括多个属:乳杆菌属(*Lactobacillus*)、明串珠菌属(*Leuconostoc*)、乳球菌属(*Lactococcus*)、肠球菌属(*Enterococcus*)、片球菌属(*Pediococcus*)和魏斯氏菌属(*Weissella*)。饲料作物上附着的乳酸细菌种类、菌的数量、发酵形式和生成的乳酸,都对青贮饲料的发酵品质、营养价值、反刍家畜的生理代谢有影响。

乳酸菌是青贮饲料的发酵剂,但不是任何乳酸菌都可作为种子使用,应认真区分良莠,选优弃劣,保证质量。优良的菌种应该具有以下特点:代谢产物对植物附生微生物抑菌谱宽,能产生大量的乳酸,很快能降低被发酵牧草的pH值,对蛋白质等营养物分解少,生成的氨氮不多,营养物质损失小,青贮过程中释放气体不多,饲料重量损失少,乳酸菌生物量多,产物中杂菌少等。

2. 乳酸菌在农药方面的应用

乳酸菌作为绿色生物农药,具有改良土壤、提高作物品质的作用。日本京都府农业资源研究中心研制出了防治两种农作物病害的"乳酸菌农药"。但乳酸菌在农药方面的应用尚少,还有待进一步的研究开发。

第二节 双歧杆菌类

双歧杆菌(*Bifidobacterium*)是天然存在于结肠中的优势菌群,是最早定植于人体肠道的一类微生物,在调节肠道菌群平衡和促进肠道正常发育等方面具有重要作用。因此,双歧杆菌常以益生菌的形式添加到多种食品及保健品中以发挥其益生功能。不同的年龄(图2-1)和健康状态双歧杆菌在肠道中的数量会发生变化[1]。该菌在肠道中数量的变化

---

[1] MITSUOKA T, HAYAKAWA K. The fecal flora in man. I. Composition of the fecal flora of various age groups[J].Zentralbl Bakteriol Orig A, 238(2), 333–342.

与宿主健康作用有关。特别是婴儿期的早期定植,有利于肠道免疫的形成。同时,双歧杆菌具有维持肠道菌群平衡[1][2][3]、增强机体免疫力[4]、消炎和抑制致病菌[5][6]、降低血清胆固醇[7]、抗肿瘤[8][9]等益生作用。

目前市场上开发了一些添加于食品中的双歧杆菌商业菌株(表2-1)。在这些商业菌株中,动物双歧杆菌(*B.animalis*)具有较好的抗胁迫能力,所以该菌株使用和销售量最多。

---

[1] ARUNACHALAM K, GILL H S, Chandra R K. Enhancement of natural immune function by dietary consumption of *Bifidobacterium lactis* (HN019)[J]. European journal of clinical nutrition. 2000, 54(3): 263-267.
[2] CHIANG B L, SHEIH Y H, WANG L H. Enhancing immunity by dietary consumption of a probiotic lactic acid bacterium (*Bifidobacterium lactis* HN019): optimization and definition of cellular immune responses[J]. European journal of clinical nutrition. 2000, 54(11): 849-855.
[3] GILL H S, RUTHERFURD K J, CROSS M L. Enhancement of immunity in the elderly by dietary supplementation with the probiotic *Bifidobacterium lactis* HN019[J]. The American journal of clinical nutrition. 2001(6): 833-839.
[4] Gill H S, RUTHERFURD K J, PRASAD J. Enhancement of natural and acquired immunity by *Lactobacillus rhamnosus* (HN001), *Lactobacillus acidophilus* (HN017) and Bifidobacterium lactis (HN019)[J]. The British journal of nutrition. 2000, 83(2): 167-176.
[5] COLLADO M C, GUEIMONDE M, HERNANDEZ M. Adhesion of selected *Bifidobacterium* strains to human intestinal mucus and the role of adhesion in enteropathogen exclusion[J]. Journal of food protection. 2005,68(12): 2672-2678.
[6] TREJO F M, MINNAARD J, PEREZ P F. Inhibition of Clostridium difficile growth and adhesion to enterocytes by *Bifidobacterium* supernatants[J]. Anaerobe. 2006, (12): 186-193.
[7] PEREIRA D I, GIBSON G R. Cholesterol assimilation by lactic acid bacteria and bifidobacteria isolated from the human gut[J]. Applied and environmental microbiology. 2002, 68(9): 4689.
[8] AKIN H, TOZUN N. Diet, microbiota, and colorectal cancer[J]. Journal of clinical gastroenterology. 2014, 48 Suppl 1: S67-69.
[9] MITSUOKA T. Development of functional foods[J]. Bioscience of microbiota, food and health. 2014, 33(3): 117-128.

微生态制剂研究与应用

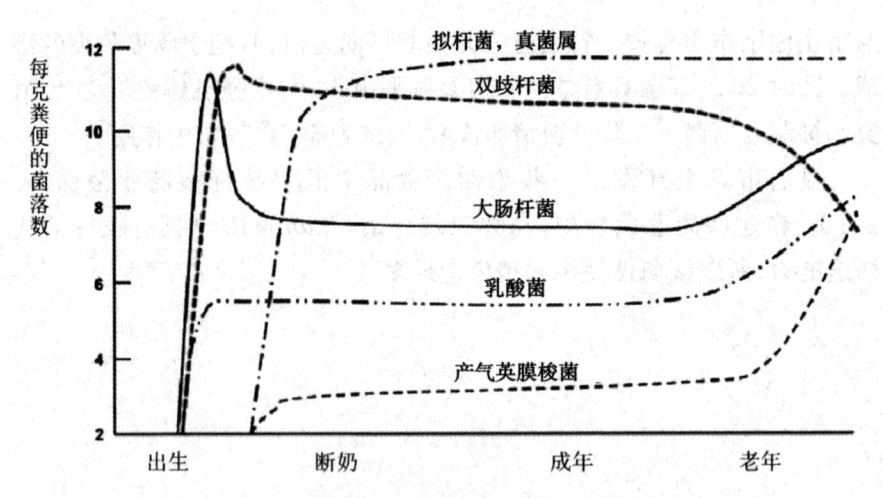

图 2-1 随着年龄的不同肠道菌群发生的变化

表 2-1 双歧杆菌作为益生菌添加于食品中的商业菌株

种类	商业菌株	公司
B.animalis subsp.animalis	DN-173010[a]	Dannon
B.animalis subsp.lactis	BB12	Chr.Hansen
	HN019[b]	Danisco
B.bifidum	BL-01	Rhodia
	Bb-11	Chr.Hansen
	Bf-1	Sanofi Bioindustries
	R071	Jarrow Formulas
	Bf-6	Sanofi Bioindustries
B.breve	Yakult	Yakult
	M-16V	Mitsubishi International
	R070	Jarrow Formulas
B.longum biotype infantis	35224	Proctor Gamble
	35264	Proctor Gamble
	BB536	Morinaga Milk Co.

续表

种类	商业菌株	公司
B.longum biotype *longum*	BL-04	Rhodia
	R023	Jarrow Formulas
	R175	Jarrow Formulas
	NCC533	Nestle
	NCC2705	Nestle
	SBT2928[c]	Snow Brand Milk
B.pseudolongum	M602	Mitsubishi International

注：[a], Bifidus Regularis TM；[b], HOWARUTM or B.lactis DR-10；[c], BL2928.

双歧杆菌的研究既带动、促进了微生态学的崛起，又使双歧杆菌成为微生态学的研究核心。研究人体正常菌群的特征和基本规律，特别是研究其他生理性细菌与这些正常微生物的相互关系，也是这一新兴学科——微生态学的客观需要。

由于对双歧杆菌的生物特性和微生态学意义研究的不断深入，现在使用双歧杆菌制备的益生剂既用于人类也用于动物疾病的预防和治疗，还用于保健品，如抗衰老的药物。

一、双歧杆菌的免疫激活作用

双歧杆菌是肠道内的益生菌，具有免疫调节、抗肿瘤、抗菌消炎、抗衰老、降血脂、营养、护肝等一系列特殊生理功能，与人类的许多病理、生理现象密切相关，其中以免疫激活作用最为突出，双歧杆菌的诸多生理作用都是通过激活机体的免疫系统来实现的。双歧杆菌的免疫激活作用表现多样，对体液免疫和细胞免疫均有重要的影响。

研究发现不同状态、不同种属的双歧杆菌，双歧杆菌的不同细胞成分及其代谢产物均具有一定的免疫激活作用，活菌、灭活菌体、细胞破碎物、上清发酵液均被证实具有确定的免疫激活作用。最近的研究还发现，双歧杆菌的DNA也具有类似的作用。不同种属的双歧杆菌，包括青春双歧杆菌、长型双歧杆菌、两歧双歧杆菌、短双歧杆菌等，虽然理化性质有所不同，但均具有免疫激活作用。在这之中，双歧杆菌细胞壁成分的免疫作用最明确。双歧杆菌为革兰氏阳性菌,细胞壁结构复杂,其中发挥免疫激活作用的主要是完整肽聚糖(WPG)和脂磷壁酸(LTA)。WPG是一种复杂的多聚体,由 N- 己酰葡萄糖胺与 N- 己酰胞壁酸通过 $β-1,4-$ 糖苷键连接成线性聚合物,肽聚糖彼此交联形成三维空间网状结构,维持细胞壁形态结构的稳定,约占细胞壁干重的50%;LTA是两性大分子,其疏水端与细胞膜相连,亲水端伸出肽聚糖骨架达菌体表面,与细菌的黏附定植密切相关。双歧杆菌的免疫激活作用主要是通过影响免疫细胞实现的。

(一)激活巨噬细胞

巨噬细胞是机体非特异性免疫的重要组成部分,同时在特异性免疫应答的各个阶段也起重要作用。巨噬细胞可以主动吞噬、杀灭和消化多种病原微生物,将抗原性物质吞噬后,还可以呈递抗原供 Th 细胞识别。巨噬细胞分泌的细胞因子也是诱导免疫细胞增殖、分化或增强免疫反应的重要信号之一。双歧杆菌可激活小鼠腹腔巨噬细胞,增强其吞噬、分泌、能量代谢及细胞毒等功能。电镜下可以观察到激活后的巨噬细胞体积增大、皱褶增多、多型性明显,细胞质内溶酶体和其他细胞器的数量增多。激活的巨噬细胞吞噬杀灭能力增强,激活的巨噬细胞内除了反映其活化状态的酸性磷酸酶、非特异性酯酶的数量增加明显外,最显著的变化是分泌大量的细胞因子,这可能是激活的巨噬细胞发挥生理作用和参与调控机体免疫系统的主要途径。巨噬细胞分泌的细胞因子既可以直接发挥杀伤作用又可以激活调控其他免疫细胞。NO是激活的巨噬细胞杀灭肿瘤细胞及病原微生物的主要效应分子。它对细菌、原虫、真菌以及肿瘤细胞等均有较强的杀灭作用。TNF-α可通过诱导肿瘤细胞凋亡及抑制肿瘤血管形成等途径导致肿瘤出血坏死发挥作用。巨噬细胞被激活的同时产生了一定量的cGMP,升高的cGMP可通过调节蛋白激酶、磷酸二酯酶和离子通道等途径发挥细胞毒性作用。细菌DNA激活巨噬细胞的途径主要为刺激性CpG DNA与巨噬细胞Toll样受体9(TLR9)的结合,接着诱导细胞内产生多量的活性氧(ROS)。ROS作为第二信使,进一步可活化 MAPK 和 AP-1 等信号分子,最终调节相关基因的表达。除上述途径外双歧杆菌的DNA还可能通过活化PKCα、

PKCβⅡ及NF-κB来激活巨噬细胞。NF-κB可活化肠腔Toll样受体（TLR），Toll样受体是肠道免疫重要的启动者。

（二）激活B淋巴细胞

B淋巴细胞是由骨髓中多功能造血干细胞分化而来，在抗原刺激及Th细胞的辅助下，被激活为活化的B淋巴细胞，并最终分化为浆细胞，产生高亲和力抗体，行使体液免疫功能。双歧杆菌对B淋巴细胞的激活作用可能是通过巨噬细胞分泌的细胞因子来间接实现的。

（三）对T淋巴细胞功能的影响

T淋巴细胞由多功能造血干细胞发育而来，绝大多数在胸腺中分化成熟，被激活后自身分化为效应细胞直接执行细胞免疫功能。目前多数学者认为双歧杆菌对T淋巴细胞的功能无明显影响。对双歧杆菌与各项免疫指标进行相关分析，发现双歧杆菌与酯酶阳性的T淋巴细胞数、血清IL-2的含量均有显著的正相关，而IL-2主要由活化的T淋巴细胞产生，说明双歧杆菌在调节机体的细胞免疫中可能发挥了重要的作用。免疫学证实IL-6能直接诱导静止的T淋巴细胞的增殖与活化，IL-12也能激活T淋巴细胞，推测双歧杆菌可能通过细胞因子间接作用于T淋巴细胞。总之，目前没有直接证据表明双歧杆菌对T淋巴细胞存在影响，还需更进一步的研究才能定论。

（四）对其他免疫细胞的影响

双歧杆菌的LTA、WPG等可激活小鼠脾NK细胞，使之产生多量的IFN-γ，从而激活机体的免疫反应。双歧杆菌也可增强LAK细胞杀伤肿瘤靶细胞的活性。树突状细胞（dendrific cell，DC）是已知的功能最为强大的抗原呈递细胞，肠道DC是重要的肠道免疫启动因子，可以通过提呈抗原激活初始T淋巴细胞，诱导增强机体免疫功能。

双歧杆菌是维持人体肠道微生态平衡的重要益生菌。免疫激活作用是其最重要的生理功能之一，双歧杆菌的不同细胞成分通过复杂的信号转导机制激活免疫细胞，介导多种生理功能，增强机体的免疫能力。目前认为双歧杆菌的抑瘤机制主要是通过激活机体的免疫系统，特别是其中的巨噬细胞,使之产生一些重要的细胞毒性效应分子和介质,如 IL-1、IL-6、TNF-α 以及一氧化氮等。双歧杆菌提高肠道黏膜的免疫功能、增强抗感染的能力也是通过免疫激活作用实现的。可以认为双歧杆菌的免疫激活作用是其发挥多种重要生理功能的前提和途径之一。

二、双歧杆菌的免疫耐受

人体肠道内除了生物屏障外,还存在一道完整的免疫防线。通过天然或特异性免疫应答,肠道的免疫系统会清除入侵的病原菌,保护机体。与此形成鲜明对比的是肠道内以双歧杆菌为代表的原籍菌,它们不会像病原菌那样激活机体,产生免疫排斥反应,而是呈现免疫耐受现象。免疫耐受的机制还没有完全阐明,但是目前的研究显示多种机制可能参与了免疫耐受的形成。

(一)双歧杆菌的免疫原性

微生物学观察表明肠道内各种不同类型的双歧杆菌均可以与宿主和谐共生,而试验也证实口服双歧杆菌后几乎没有免疫原性或免疫原性非常弱。研究进一步表明,脾细胞对两歧双歧杆菌与沙门氏菌在体外的免疫应答也有明显不同,致使脾细胞在产生其特异性抗体时,两歧双歧杆菌的浓度是沙门氏菌浓度的 20 倍,且脾细胞在接触沙门氏菌后第 5 天已经产生了很高水平的抗体。双歧杆菌一般不易引起宿主的免疫反应。大剂量、长时间口服虽可以检测出特异性抗体,但抗体水平很低且只是在短时间内有一定的反应,之后很快便消失且无法被检测。因此可以认为双歧杆菌免疫原性极弱,宿主对双歧杆菌处于免疫耐受或免疫不应答状态。

(二)免疫耐受的机制

研究证明,机体要启动免疫反应,除了抗原和淋巴细胞外还必须要有抗原呈递功能的辅佐细胞存在,其中以树突状细胞最为重要。作为专职抗原呈递细胞,它具有强大的抗原呈递以及免疫调节能力,另外树突状细胞还与诱导免疫耐受的形成有密切的关联。现代免疫学认为,免疫负相调节的核心在树突状细胞,因此对树突状细胞在免疫耐受中的作用及具体机制的研究最为深入,取得的成果也最多。目前,对以双歧杆菌为代表的正常菌群免疫耐受机制的研究还不是很深入,在其他领域取得的研究成果和理论是否适用于双歧杆菌还有待进一步考证。但已有的研究显示,双歧杆菌耐受的形成同样是一个以耐受性树突状细胞为中心,各种因素共同参与复杂的免疫调节过程。参与诱导形成免疫耐受的树突状细胞称为耐受性树突状细胞,目前的研究认为耐受性树突状细胞主要是未成熟的树突状细胞。

T细胞需要两个膜分子信号共同存在才能被激活,进而产生抗原特异性免疫应答,此即淋巴细胞活化的双信号作用。TCR对MHC-Ag复合物的识别提供第一信号;而抗原呈递细胞(APC)上的辅助刺激分子与T细胞相应配体的结合提供第二信号,即共刺激信号。已发现的辅助刺激分子最重要的是B7-1(CD80)和B7-2(CD86),其受体为T细胞上的CD28和CD152(CTLA-4)。CD28/B7发出的第二信号可以增加细胞因子基因的转录,促进T细胞增殖,从而增强T细胞对抗原应答;而CD152/B7发出的第二信号作用则相反,它向T细胞发出抑制信号,限制T细胞应答。T细胞识别抗原后能否被激活,取决于共刺激信号是否存在。如果缺少共刺激信号,则T细胞无法被激活,出现克隆无能或凋亡,表现为免疫耐受。研究已证实,耐受性树突状细胞表面只表达很少量的B7-1和B7-2,而成熟树突状细胞在抗原呈递过程中则高表达,提示耐受性树突状细胞诱导免疫耐受可能与缺乏共刺激信号,导致信号通路中断有关。

三、双歧杆菌发挥益生功能的分子基础

双歧杆菌经食用进入体内,其益生功能的发挥与其在肠道的黏附与定植密切相关,而这又是其发挥某些益生功能的先决条件,例如,黏

附能够缩短痢疾持续时间[1],刺激免疫应答[2][3],竞争排斥病原微生物等。因此,黏附肠道能力是筛选益生菌的一个重要标准。

　　黏附是指有毛缘的或无毛缘的细菌联结于肠上皮细胞的物理化学性质,黏附不仅是一个识别过程,而且能引起宿主细胞的一系列生物学效应,既是病原菌产生病原性的基础,也是有益菌发挥其益生功能的前提。Sanchez等人关于双歧杆菌黏附的系列研究表明:细菌的黏附素与宿主细胞相应受体是黏附的物质基础[4],其中双歧杆菌的黏附素又分为蛋白类黏附素和非蛋白类黏附素。蛋白类黏附素主要指存在于双歧杆菌细胞外表面的被膜蛋白质,而非蛋白类黏附素是指双歧杆菌的荚膜或黏液多糖和脂磷壁酸。

　　双歧杆菌对肠上皮细胞的黏附可以是特异性和非特异性的,非特异性黏附主要是通过静电的相互吸引、疏水性与亲水性等生化因素起作用。双歧杆菌对肠细胞的特异性黏附机制非常复杂,不同学者对黏附机制持有不同的观点(图2-2)。

---

[1] CANDELA M, PERNA F, CARNEVALI P, et al. Interaction of probiotic *Lactobacillus* and *Bifidobacterium* strains with human intestinal epithelial cells: adhesion properties, competition against enteropathogens and modulation of IL-8 production[J]. International journal of food microbiology. 2008, 125(3): 286-292.

[2] CANDELA M, PERNA F, CARNEVALI P, et al. Interaction of probiotic *Lactobacillus* and *Bifidobacterium* strains with human intestinal epithelial cells: adhesion properties, competition against enteropathogens and modulation of IL-8 production[J]. International journal of food microbiology. 2008,125(3):286-292.

[3] GUGLIELMETTI S, TAMAGNINI I, MORA D, et al. Implication of an outer surface lipoprotein in adhesion of *Bifidobacterium bifidum* to Caco-2 cells[J]. Applied and environmental microbiology. 2008, 74(15): 4695-4702.

[4] SANCHEZ B, URDACI M C, MARGOLLES A. Extracellular proteins secreted by probiotic bacteria as mediators of effects that promote mucosa-bacteria interactions[J]. Microbiology (Reading, England). 2010, 156(11): 3232-3242.

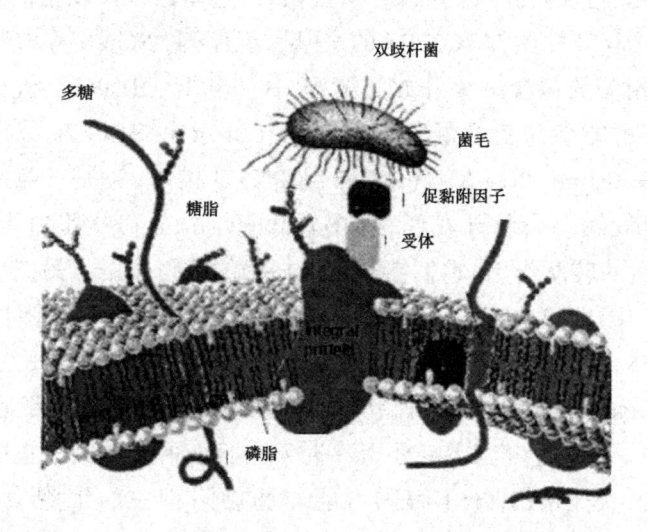

图 2-2 乳杆菌与 HT-29 细胞黏附模式图

（一）脂磷壁酸

双歧杆菌的细胞壁含有丰富的脂磷壁酸（LTA），它在介导菌体黏附方面发挥重要作用。Op den Camp 等人用 ^{14}C- 油酸标记一株分叉双歧杆菌，并且提取了 ^{14}C 标记的脂磷壁酸（LTA），以此法探讨脂磷壁酸（LTA）在该双歧杆菌黏附过程中的黏附作用，结果发现双歧杆菌脂磷壁酸（LTA）对结肠上皮细胞的结合具有菌量依赖性和时间依赖性，而且其结合是可逆的。该实验证明了脂磷壁酸（LTA）是介导双歧杆菌黏附于肠上皮细胞的一种黏附分子，并进一步的研究认为脂磷壁酸（LTA）中的脂肪酸部分在黏附中起主要作用[1]。

（二）蛋白类物质

双歧杆菌的黏附是一个复杂过程，参与的因素较多，易受环境因素影响，而且黏附所涉及的机制比较复杂，至今对黏附过程的分子机制了解还不透彻。但可以肯定的一点是，菌体细胞表面黏附蛋白在双歧杆菌黏附肠上皮细胞过程中扮演重要角色，许多细胞表面蛋白质参与双歧杆

---

[1] OPDEN CAMP H J, Oosterhof A, Veerkamp JH. Interaction of bifidobacterial lipoteichoic acid with human intestinal epithelial cells. Infection and immunity. 1985,47(1):332-334.

菌与肠上皮细胞的黏附，例如 S-层蛋白、纤连蛋白以及黏蛋白等。

通过长双歧杆菌 NCC2705 的全基因组序列，Schell 等人鉴定了一个与菌毛相关的包含三个开放阅读框（BL06P74，BL0675 和 BL0676）的基因簇，可能参与菌毛蛋白的合成。BL0674 和 BL0675 编码可能的表层蛋白——Leu-Pro-X-Thr-Gly（LPXTG 棋体，X 是任意一种氨基酸），BL0676 编码一个与菌毛相关的转肽酶（sortase）样蛋白质，催化细菌表层蛋白的转肽作用，它们参与双歧杆菌的黏附作用。另三个蛋白质（BL0603、BL1132 和 BL1064 编码）呈现出明确的革兰氏阳性细胞表层锚定模体，表明这些蛋白质可能参与双歧杆菌与宿主的相互作用[1]。长双歧杆菌的 BL0155 开放阅读框编码黏附 HT-29 上皮细胞的一个黏附蛋白[2]。2009 年又鉴定了几个长双歧杆菌的开放阅读框（BL1161 和 BL1022），表明 BL1161 编码可能与肠黏附相关的细胞表层蛋白，BL1022 编码一个具有烯醇化酶活性的细胞表层蛋白，可能参与双歧杆菌与人纤溶酶原的黏附。另两个菌体细胞表层蛋白质——BopA 和 Bop0603，经初步实验表明，它们可能参与双歧杆菌与 Caco-2 细胞的黏附。表 2-2 总结了参与双歧杆菌与肠黏膜黏附的蛋白质类成分。

表 2-2　双歧杆菌中参与黏附于黏液或其他宿主胞外基质的蛋白质

蛋白质	菌株	功能
BopA	两歧双歧杆菌	参与 Caco-2 细胞的黏附的脂蛋白，具有免疫调节活性
醛羧转移酶（Transaldolase）	两歧双歧杆菌	黏液结合能力和聚集因子
Tad 蛋白质	短双歧杆菌	体内定植于鼠肠道所必需的
DnaK	动物双歧杆菌乳亚种	人纤溶酶原受体，受胆盐诱导
烯醇化酶（Enolase）	动物双歧杆菌乳亚种	人纤溶酶原受体

---

[1] YUAN J, ZHU L, LIU X, et al. A proteome reference map and proteomic analysis of *Bifidobacterium longum* NCC2705. Molecular & cellular proteomics: MCP. 2006,5（66）：1105-1118.
[2] SHKOPOROV A N, KHOKHLOVA E V, KAFARSKAIA L I, et al. Search for protein adhesin gene in *Bifidobacterium longum* genome using surface phage display technology[J]. Bulletin of experimental biology and medicine. 2008,146（6）：782-785.

续表

蛋白质	菌株	功能
谷氨酰胺合成酶（Glutamine synthetase）	动物双歧杆菌乳亚种	—
牛血清白蛋白（BSH）		
磷酸甘油酸变位酶（Phosphoglycetarate mutase）		

Bernet 等用革兰氏染色法，研究了双歧杆菌与体外培养的人结肠癌细胞系 Caco-2 的黏附，用胰蛋白酶对菌体进行处理后，发现双歧杆菌的黏附能力下降明显；当用磷酸盐缓冲液及新鲜细菌培养基代替耗尽培养基用于悬浮细菌后，再进行黏附实验，发现双歧杆菌的黏附能力也明显下降。鉴于以上研究结果推测，双歧杆菌的黏附成分可能是细菌表面存在的一种不稳定的蛋白类物质[1]。表层蛋白（surface layer proteins 或 S-layer 蛋白）是指分布在细胞壁外层的具有规则结构的蛋白质表层蛋白（surface layer proteins 或 S-layer 蛋白）是指分布在细胞壁外层的蛋白质，呈单分子水晶排列，由蛋白或糖蛋白亚基组成，分子量为 40～200 kDa，广泛存在于双歧杆菌、乳杆菌等革兰氏阳性细菌表面（图 2-3）[2]。

---

[1] BERNET M F, BRASSART D, NEESER J R, et al.. Adhesion of human bifidobacterial strains to cultured human intestinal epithelial cells and inhibition of enteropathogen-cell interactions[J]. Applied and environmental microbiology. 1993; 59: 4121-4128.
[2] DESVAUX M, DUMAS E, CHAFSEY I, et al.. Protein cell surface display in Gram-positive bacteria: from single protein to macromolecular protein structure[J]. FEMS microbiology letters. 2006, 256（1）: 1-15.

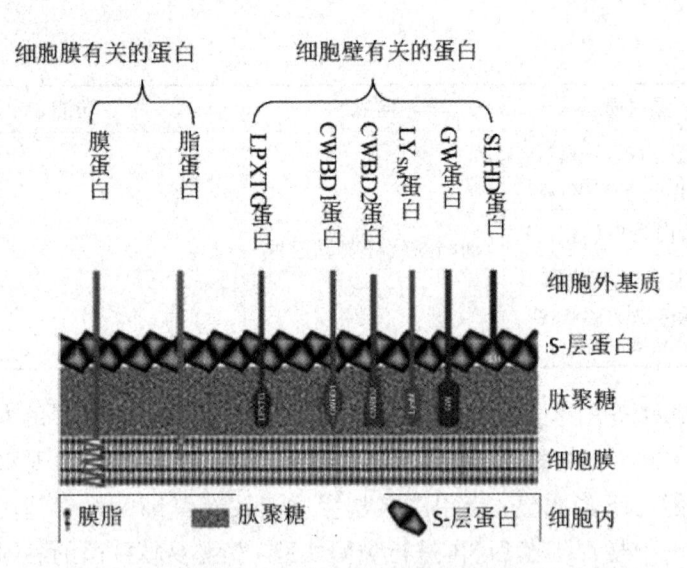

图 2-3 革兰氏阳性细菌表面不同类型蛋白质示意图

王丽群等人采用胃蛋白酶、蛋白酶 K 处理双歧杆菌,结果表明双歧杆菌的黏附能力显著降低,而且双歧杆菌经 LiCl 提取表层蛋白后,其黏附能力显著降低,推断双歧杆菌表面介导黏附作用的物质可能是一种蛋白[1]。Bernet 等分别采用物理及化学方法处理双歧杆菌,再进行菌株与肠上皮细胞的黏附实验。结果发现,胰酶和蛋白酶处理菌体后,能使双歧杆菌的黏附能力基本丧失,进一步研究显示高温能降低其黏附能力,推测双歧杆菌的黏附素成分为某种不耐热的蛋白质物质[2]。

(三)多糖类物质

双歧杆菌黏附机制以表层蛋白的探索为主,关于双歧杆菌表面多糖对双歧杆菌黏附过程影响的研究并不多。双歧杆菌表面多糖除了具有重要的益生功能以外,其复杂的结构和性质可能会对双歧杆菌黏附起到

---

[1] SANCHEZ B, CHAMPOMIER-VERGES M C, STUER-LAURIDSEN B, et al. Adaptation and response of *Bifidobacterium animalis* subsp. *lactis* to bile: a proteomic and physiological approach[J]. Applied and environmental microbiology. 2007, 73 (21): 6757-6767.
[2] SANCHEZ B, CHAMPOMIER-VERGES M C, COLLADO MDEL C, et al. Low-pH adaptation and the acid tolerance response of *Bifidobacterium longum* biotype *longum*[J]. Applied and environmental microbiology. 2007,73(20): 6450-6459

某些作用,这些都是需要研究的部分。Yang 等对乳酸菌产生的胞外多糖进行研究,乳酸菌产生的胞外多糖可以提高菌株对肠道表面的非特异性黏附,但 Bibiloni 等对两歧双歧杆菌 CIDCA537 进行研究时,在去除细胞培养上清后,将菌体重悬于新鲜的液体培养基或磷酸盐缓冲液中,细菌的黏附能力并没有发生明显的下降。进一步的研究结果表明,与双歧杆菌黏附相关的物质应该存在于菌体表面,并且有可能是一种含有能与细胞壁结合的碳水化合物的物质。邓一平等在双歧杆菌黏附素的研究中,向黏附体系中加入游离的完整肽聚糖,结果双歧杆菌的黏附能力下降,推测黏附体系中肽聚糖的加入使双歧杆菌对肠上皮细胞的黏附受到竞争性抑制,从而推断双歧杆菌的黏附素是双歧杆菌表面的糖类物质。至于胞外多糖在双歧杆菌与肠上皮细胞上的黏附过程,则需要对双歧杆菌的结构和功能进行深入的研究及探讨。

四、环境胁迫对双歧杆菌黏附能力和黏附相关蛋白的影响

双歧杆菌是人和动物肠道最常见的革兰氏阳性有益细菌,约占人体肠道可培养微生物的 10%。大量研究表明,双歧杆菌对宿主具有多种益生功能,可以通过平衡肠道菌群维持机体的整体健康水平。因此,双歧杆菌属的微生物是应用较多的益生菌之一,在食品中通常通过添加进乳制品进行食用。双歧杆菌的黏附是发挥益生功能的前提和先决条件,双歧杆菌经食用后进入体内,其益生功能的发挥与在肠道的黏附与定植密切相关,如黏附能够缩短痢疾持续时间、刺激免疫应答、竞争排斥病原微生物等。因此,肠道黏附定植能力是筛选益生菌的一个重要标准。双歧杆菌在生产、包装、运输、储藏和消费过程中受到许多环境胁迫因素(如热、氧、酸、胆盐和渗透压等的影响),这些环境因素会影响双歧杆菌多个方面的生理特性,如微生物生长及存活、菌体表面特性、黏附能力、黏附相关蛋白的表达等。接下来笔者对环境胁迫对双歧杆菌存活的影响、双歧杆菌黏附能力的影响因素、环境胁迫对黏附相关蛋白的影响等方面的研究进展进行简述。

(一)环境胁迫对双歧杆菌成活的影响

不同种类的双歧杆菌菌株对环境胁迫的耐受能力不同,具有种属

特异性。环境胁迫条件下,双歧杆菌对的存活率从高到低依次为动物双歧杆菌、两歧双歧杆菌、青春双歧杆菌、长双歧杆菌等。研究表明,两歧双歧杆菌、短双歧杆菌、青春双歧杆菌和婴儿双歧杆菌对模拟的胃液环境表现出非常低的耐受能力,这与Takahashi等[1]的研究结果一致。Mainville等人[2]的研究表明动物双歧杆菌的耐酸性显著高于长双歧杆菌和婴儿双歧杆菌的耐酸性,Matto的研究也同样证实了这一结果。SaarelaM等人[3]以动物双歧杆菌E2010和长双歧杆菌E1884为研究对象,分别用pH 3.0和pH 4.0的磷酸盐溶液对其处理2 h,再用1.4%胆盐处理3 h。结果表明,长双歧杆菌E1884经过酸处理后存活率显著下降,经过胆盐处理后,几乎不生长;进一步研究后,发现双歧杆菌胁迫适应和细菌固有的交叉保护机制,长双歧杆菌E1884和动物双歧杆菌E2010分别经过pH 3.5预处理后,其在1.4%胆盐中的存活率有所提高。Maus J. E.等[4]将乳双歧杆菌短时间暴露在复合胁迫环境中,发现能提高其耐酸能力。这说明不同双歧杆菌对胁迫环境的抵抗能力存在菌株差异,而且在交叉胁迫环境中,双歧杆菌的存活率升高还是降低与胁迫因素、各因素处理时间和菌株种类等都有关系。目前,对双歧杆菌胁迫环境的研究主要集中于胆盐胁迫、酸胁迫、多种消化酶等单一胁迫因素的研究。

---

[1] TAKAHASHI N, XIAO J Z, MIYAJI K, et al. Selection of acid tolerant bifidobacteria and evidence for a low-pH-inducible acid tolerance response in *Bifidobacterium longum*[J].The journal of dairy research, 2004, 71 (3): 340 - 345.

[2] MAINVILLE I, ARCAND Y, FARNWORTH E R. A dynamic model that simulates the human upper gastrointestinal tract for the study of probiotics [J]. International journal of food microbiology, 2005, 99(3): 287 - 296.

[3] SAARELA M, RANTALA M, HALLAMAA K, et al. Stationary-phase acid and heat treatments for improvement of the viability of probiotic lactobacilli and bifidobacteria [J]. Journal of applied microbiology, 2004, 96 (6): 1205-1214.

[4] MAUS J E, INGHAM S C. Employment of stressful conditions during culture production to enhance subsequent cold-and acid-tolerance of bifidobacteria [J]. Journal of applied microbiology, 2003, 95 (1): 146 - 154.

(二)双歧杆菌黏附能力的影响因素

研究双歧杆菌与肠细胞的黏附通常体外采用细胞系来进行,这主要是由于人体实验实施相对困难,而且肠道环境复杂。人结肠癌细胞系(如Caco-2细胞株),由于在体外所表现出的形态和功能特征能够模拟成熟肠道上皮细胞,经常作为体外模型用于评价益生菌的黏附和定植能力。目前,关于双歧杆菌的黏附研究较多,而对于经历胁迫后的菌体黏附相对研究较少。

1. 黏附具有种株差异性和宿主差异性

不同菌株与肠道上皮细胞黏附能力各不相同,可能是不同菌株表面也存在着不同的与黏附有关的物质。因此,不同生境双歧杆菌的黏附能力存在菌株及菌种的差异性。李平兰等人[1]对来自猪和人类粪便中不同种类的乳酸菌,在体外与人结肠癌细胞系HT-29细胞进行黏附。结果发现,在所有受试菌株中双歧杆菌的黏附能力最高,而乳杆菌的黏附能力则相对较低;其他菌属的黏附能力则介于乳杆菌属和双歧杆菌属之间,充分体现了细菌对肠道细胞黏附过程中的菌属差异性。Del Re B.等人[2]对13株长双歧杆菌的黏附能力进行了测定,结果发现存在明显的菌株差异。He F.等人[3]的研究表明不同的双歧杆菌菌株对肠黏膜的黏附能力不同,从健康成年人粪便中分离的双歧杆菌对肠黏膜的黏附能力明显高于老年人,其中青春型双歧杆菌表现得尤为明显。He F.等人[4]研究还发现双歧杆菌的黏附具有宿主特异性,从人粪便中分离出的双歧杆菌对肠黏膜的黏附能力强于其对牛肠黏膜的黏附能力。

---

[1] 李平兰,杨华,麓张.乳酸菌体外黏附人结肠腺癌细胞系HT-29细胞的研究[J].中国农业大学学报,2002(1):19-22.
[2] DELRE B, SGORBATI R, MIGLIOLI M, et al. Adhesion, autoaggregation and hydrophobicity of 13 strains of *Bifidobacterium longum* [J]. Letters in applied microbiology, 2000, 31 (6): 438 – 442.
[3] HE F, OUWEHAND A C, ISOLAURI E, et al. Differences in composition and mucosal adhesion of bifidobacteria isolated from healthy adults and healthy seniors [J]. Current microbiology, 2001, 43(5): 351 – 354.
[4] HE F, OUWEHAN A C, HASHIMOTO H, et al. Adhesion of Bifidobacterium spp. to human intestinal mucus [J]. Microbiology and immunolo- gy, 2001, 45(3): 259 – 262.

2. 双歧杆菌黏附与菌体的"死、活"状态有关

一般认为,只有活菌才具有黏附能力。Fourniat J. 等人[1]的研究表明死乳杆菌也具有与活菌相同的黏附能力。伦永志等[2]对双歧杆菌菌悬液用65℃水浴30 min 和100℃水浴10 min 灭活处理后,发现灭活的双歧杆菌与活菌均能黏附于肠上皮细胞周围,黏附具有显著的浓度效应。王丽群、刘飞、孟祥晨等人[3]也发现双歧杆菌的死活状态不是影响黏附能力的因素。由于死菌本身具有极高的稳定性和安全性,这就为双歧杆菌的临床应用提供了一条新途径。但是,目前这一观点尚未被广泛接受,用于临床的微生态制剂大多为活菌制剂。

3. 环境因素对双歧杆菌表面性质和黏附能力的影响

双歧杆菌的黏附能力易受环境中多种因素的影响。研究表明,两歧双歧杆菌与Caco-2细胞和HT-29细胞黏附的过程中黏附能力很大程度依赖于环境变化,其中影响较大的包括pH和胆盐。双歧杆菌与人肠上皮细胞的体外黏附受pH等外界环境的影响。王彦等[4]用低pH的PBS处理两歧双歧杆菌,结果表明不同pH的PBS溶液处理后的两歧双歧杆菌的黏附能力均发生不同程度下降。2001年,Ouwehand A. 等人[5]研究发现BB12与1%和10%的胆盐共同作用后,黏附能力均显

---

[1] FOURNIAT J, COLOMBAN C, LINXE C, et al. Heat-killed *Lactobacillus acidophilus* inhibits adhesion of *Escherichia coli* B41 to HeLa cells [J]. Annales de recherches veterinaires annals of veterinary research, 1992, 23(4): 361 -370.

[2] 伦永志,黄敏,袁杰利,等. 灭活的双歧杆菌对肠上皮细胞黏附及其影响因素的研究[J]. 中国微生态学杂志,2000(6): 4-6.

[3] WANG L Q, ZHAO F, LIU F, et al. Live / dead state is not the factor influencing adhesion ability of *Bifidobacterium animalis* KLDS2. 0603 [J]. Journal of microbiology (Seoul, Korea), 2013, 51(5): 584 - 589.

[4] 王彦,孟祥晨,王丽群,等. 低pH处理对两歧双歧杆菌KLDS2.0603黏附能力的影响[J]. 微生物学通报,2012(6): 797 - 803.

[5] OUWEHAND A, TöLKK S, SALMINEN S. The effect of digestive enzymes on the adhesion of probiotic bacteria *in vitro*[J]. Journal of food science, 2001, 66(6): 856 - 859.

著低于未处理组。Guglielmetti S. 等人[1]对两歧双歧杆菌 MMBb75 的研究表明双歧杆菌经过浓度为 3% 牛胆盐处理后,对 Caco-2 细胞的黏附能力极显著下降,这与 Gómez Zavaglia A. 等人[2]的研究结果一致。Gómez Zavaglia A. 等人分析胆盐的存在降低了双歧杆菌表面疏水性,同时使菌体表面电势升高,致使双歧杆菌的黏附能力降低。Candela M. 等人[3]研究表明胆盐提高了双歧杆菌乳亚种 BI07 对宿主人纤溶酶原系统的相互作用,并推测消化系统中的胆盐是双歧杆菌黏附在肠道中的原因。因此,关于胆盐对双歧杆菌黏附影响的研究存在矛盾性。2009年,Guglielmetti 等人研究发现双歧杆菌与 Caco-2 和 HT-29 细胞的黏附也取决于环境条件(如糖、胆盐和 pH 值等),当存在果糖和甘露糖时,MIMBb75 与 Caco-2 的黏附升高;当存在牛胆盐时,二者之间的黏附下降;此外,pH 值同样会显著影响细菌与 Caco-2 细胞的黏附以及细菌的自动聚集能力。这些研究表明,双歧杆菌对肠道细胞的黏附作用是具有钙依赖性的,但钙离子浓度过大使得渗透压增大,反而会降低双歧杆菌的黏附能力,无机盐离子也会影响双歧杆菌的黏附能力。

双歧杆菌处于胁迫环境中,细胞表面物质和自动聚集能力受环境胁迫因素的影响,进而影响黏附能力。王彦等人用低 pH 的 PBS 处理两歧双歧杆菌,结果表明非致死 pH 值为 3.0 和 pH 值为 3.5 处理的双歧杆菌疏水性显著提高,自动聚集能力显著降低。1998 年,Pérez 等人[4]用低 pH 处理和胰蛋白酶双歧杆菌 CIDCA5310 和 CIDCA5317,测定其表面性质的变化,结果发现胰蛋白酶使 CIDCA5310 的自动聚集能力丧失,而对没有聚集能力的 CIDCA5317 无影响。低 pH 处理改变了 Zeta 电

---

[1] GUGLIELMETTI S, TAMAGNINI I, MINUZZO M, et al. Study of the adhesion of *Bifidobacterium bifidum* MIMBb75 to human intestinal cell lines[J]. Current microbiology, 2009, 59(2): 167-172.
[2] GOMEZ ZAVAGLIA A, KOCIUBINSKI G, PEREZ P, et al. Effect of bile on the lipid composition and surface properties of bifidobacteria [J]. Journal of applied microbiology, 2002, 93(5): 794-799.
[3] CANDELA M, CENTANNI M, FIORI J, et al. DnaK from *Bifidobacterium animalis* subsp. lactis is a surface-exposed human plasminogen receptor upregulated in response to bile salts[J]. Microbiology, 2010, 156(Pt 6): 1609-1618.
[4] PÉREZ P F, MINNAARD Y, DISALVO E A, et al. Surface properties of bifidobacterial strains of human origin[J]. Applied and environmental microbiology, 1998, 64(1): 21-26.

势,对自动聚集能力有较大影响。因此,影响自动聚集能力的可能是,表面的特异性蛋白和菌体表面电荷。Canzi 等人[1]测定了 30 株双歧杆菌的表面物理化学性质,结果发现 B.bifdum 和 B.adolescentis 具有最强的自动聚集能力,且受介质 pH 的影响;此外,经蛋白酶处理后菌株的自动聚集能力有较大变化。因此,自动聚集能力与表面的特异性蛋白有关。Collado 等[2]采用 BATH 测定表面疏水性和聚集能力相关性的研究发现,对碳氢化合物具有越高黏附能力的细菌,其自动聚集能力也较强,二者具有正相关性。双歧杆菌由于不同菌株表面物质存在的差异性,黏附素种类的差异性等导致不同双歧杆菌在相同胁迫处理下,表面性质的变化也存在较大差异。

(三)环境胁迫对双歧杆菌黏附蛋白的影响

由于菌体细胞表面蛋白质和分泌到细胞外的蛋白是参与黏附的关键蛋白质,胁迫又会诱导这些蛋白质表达或编码这些蛋白的基因的转录水平发生变化。Candela 等人研究表明胆盐提高了动物双歧杆菌乳亚种 BI07 与宿主人纤溶酶原系统的相互作用,表明消化道的胆盐环境对该菌与宿主相互作用过程具有潜在的影响。蛋白质组学研究表明,动物双歧杆菌乳亚种和长双歧杆菌长时间暴露于胆盐环境会导致菌体表面的人纤溶酶原黏附受体——DnaK 和烯醇化酶上调。虽然双歧杆菌表面的人纤溶酶原受体(DnaK 和烯醇化酶)的上调参与了这一过程,但也不能排除有其他机制的参与。Weiss 等人[3]对嗜酸乳杆菌 NCFM 应激与黏附相关基因的转录水平的研究发现,该菌在经历体外模拟消化道时,编码应激相关蛋白质(GroEI、DnaK、ClpP)的基因在胃液环境中显著上调,在十二指肠液环境中显著下调;编码黏附相关蛋白质(黏蛋白

---

[1] CANZI E, GUGLIELMETTI S, MORA D, et al. Conditions affecting cell surface properties of human intestinal bifidobacteria[J].Antonie Van Leeuwenhoek, 2005, 88(3/4): 207-219.
[2] COLLADO M C, MERILUOTO J, SALMINEN S. Adhesion and aggregation properties of probiotic and pathogen strains[J].European food research and technology, 2008, 226(5):1065-1073.
[3] WEISS G, JESPERSEN L. Transcriptional analysis of genes associated with stress and adhesion in *Lactobacillus acidophilus* NCFM during the passage through an in vitro gastrointestinal tract model[J]. Journal of molecular microbiology and biotechnology, 2010, 18(4): 206-214.

结合蛋白、纤连蛋白结合蛋白、S-层蛋白)的基因在唾液和胃液环境中不受影响,而其在十二指肠液和胆盐环境中显著上调。Jin等人(金瑾,刘松玲,赵亮)[1]分析了长双歧杆菌BBMN68在酸适应和生长的不同阶段,*ffh*、*uvrA*、*groES*和*dnaK*基因转录水平的变化,发现这些基因在生长的稳定期被显著诱导,但并不被酸胁迫诱导;经过酸适应120 min后,*ffh*和*uvrA*基因的下调表明长双歧杆菌的酸适应在基因表达水平上不同于其他细菌。目前,针对环境胁迫对双歧杆菌黏附蛋白的研究不是很多,大多数都是研究正常细菌对细胞的黏附。

由于益生菌定植于人体肠道发挥益生作用前,会受到胃液的酸性环境和小肠胆盐、消化酶、渗透压等多重环境因素的影响,这些环境因素一方面对益生菌的存活造成一定的影响,另一方面通过影响菌体表面的疏水性、物理性质和自动聚集能力以及菌体表面蛋白的表达,从而改变菌体在肠道的黏附定植能力,可能会进一步影响益生菌在人体内益生作用的发挥。

五、双歧杆菌外表面蛋白的种类和功能分析

双歧杆菌作为一种肠道内的优势菌种,在临床上具有调整肠道菌群等益生作用。动物双歧杆菌具有较强的耐受环境胁迫能力,如AD011,它是目前应用较多的益生双歧杆菌之一。双歧杆菌的外表面蛋白在介导菌体与宿主细胞黏附定植、与外界环境相互作用方面起着非常重要的作用。2009年,人们对该菌株完成了全基因组测序和功能注释,测得该菌株1614个基因,1518个编码蛋白[2]。

该菌株基因组测序的完成使利用基因组学数据进行功能基因组学的分析得以实施,如菌体外表面蛋白的分析。目前,关于细菌外表面

---

[1] JIN J, LIU S, ZHAO L, et al. Changes in ffh, uvrA, groES and dnaK mRNA abundance as a function of acid-adaptation and growth phase in *Bifidobacterium longum* BBMN68 isolated from healthy centenarians[J]. Current microbiology, 2011, 62(2): 612-617.
[2] LEE J H, OSULLIVAN D J. Genomic insights into bifidobacteria[J]. Microbiology and molecular biology reviews, 2010, 74(3): 378-416.

蛋白的基因组分析主要集中在致病菌和乳杆菌方面,如 Barinov 等[1] 采用 SurfG⁺ 的方法对革兰氏阳性菌进行了预测,结果显示该方法是一种非常有效的分析革兰氏阳性菌外表面蛋白的方法。2013 年,Perry 等[2]提出更为容易和方便的分析方法——Inmembrane。目前,关于双歧杆菌暴露外表面蛋白的基因组预测和功能分析,国内外还少见报道。笔者以动物双歧杆菌 AD011 全基因组编码蛋白序列为研究对象,采用 Inmembrane 方法分析该菌株暴露的外表面蛋白和功能,为探讨益生菌与宿主相互作用的分子机制提供基础资料。

美国国立生物技术信息中心(NCBI)GenBank 公布的动物双歧杆菌 AD011 的基因组编码的蛋白质序列,GenBank 的登录号是 NC_011835.1。

采用 Inmembrane 方法,即采用 SignalP4.0、LipoP、HMM search2.0 等一系列生物信息学分析软件预测革兰氏阳性菌暴露菌体外表面的蛋白。预测并统计各类外表面蛋白(脂蛋白、细胞壁蛋白、细胞膜蛋白、分泌蛋白),利用 COG 功能数据库对各类蛋白进行注释,同时进行 COG 功能聚类分析。

(一)AD011 暴露外表面蛋白的种类分析

动物双歧杆菌 AD011 基因组外表面蛋白的种类分析结果见表 2-3 所列。分析结果显示,动物双歧杆菌 AD011 基因组编码的 1 518 个蛋白中,暴露于菌体外表面蛋白共计 193 个,所占基因组蛋白比例为 12.6%。在这些蛋白中,定位于细胞膜的蛋白数目最多,达 140 个,所占基因组蛋白比例为 9.2%,这些跨膜螺旋数的膜蛋白分布如图 2-4 所示。

---

[1] BARINOV A, LOUX V,HAMMANI A,et al. Prediction of surface exposed proteins in *Streptococcus pyogenes*, with a potential application to other Gram-positive bacteria[J]. Proteomics, 2009, 9(1):61 - 73.
[2] PERRY A J, HO B K. Inmembrane, a bioinformatic workflow for annotation of bacterial cell-surface proteomes[J]. Source code for biology and medi- cine,2013,8(1):9.

表 2-3 动物双歧杆菌 AD011 暴露外表面蛋白种类

种类	在基因组中所占比例	蛋白数量	蛋白结构特征
细胞壁蛋白	0.7	11	蛋白最短 46 个氨基酸,最长有 2493 个氨基酸;6 个蛋白具有 LPxTG、1 个蛋白具有 PG、1 个蛋白具有 LysM、3 个蛋白具有 SLH 细胞壁锚定结构基序
脂蛋白	1.3	20	蛋白最短有 92 个氨基酸,最长有 523 个氨基酸;全部蛋白具有脂蛋白信号肽,其中 11 个蛋白具有脂蛋白信号肽和一类酶识别信号肽、8 个蛋白具有跨膜结构域
膜蛋白	9.2	140	蛋白最短 51 个氨基酸,最长 1 723 个氨基酸;全部蛋白具有跨膜结构域,其中跨膜螺旋数为 1～13
细胞外蛋白	1.4	22	蛋白最短 63 个氨基酸,最长 654 个氨基酸;全部蛋白具有分泌信号肽,其中 10 个蛋白具有 1 个跨膜螺旋

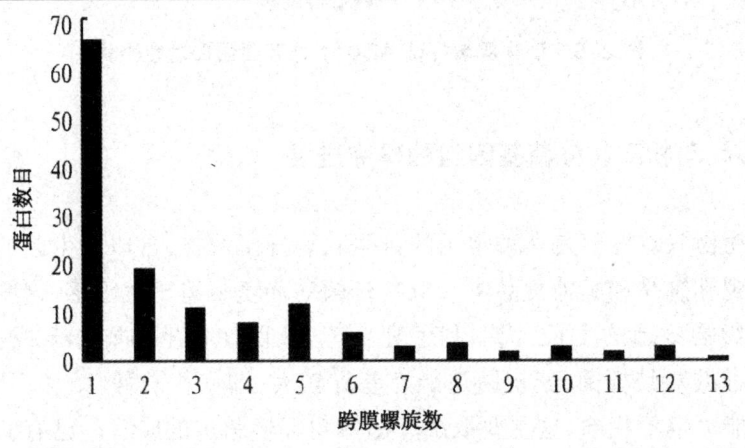

图 2-4 膜蛋白跨膜螺旋分布

菌体外表面蛋白数目为 193 个,外表面蛋白的膜蛋白中,具有 1 个跨膜螺旋数的蛋白最多,达 69 个,其次是具有 2 个和 5 个跨膜螺旋数的蛋白,分别为 19 个和 12 个。

(二)AD011 暴露外表面蛋白的功能分析

动物双歧杆菌 AD011 基因组预测的外表面蛋白功能分析结果见图 2-5。从图 2-5 可以看出,在这些蛋白中,含有较大比例的蛋白没有功能注释(78 个),115 个蛋白具有 COG 功能注释。在有功能注释的蛋白中,所占比例较大的蛋白功能是氨基酸转运与代谢(16个),无机离子转运与代谢(14个),细胞壁、细胞膜生物合成(13个),碳水化合物转运与代谢(10个),防御机制有关(10个)等。功能分析结果表明菌体外表面蛋白与这些功能有关。

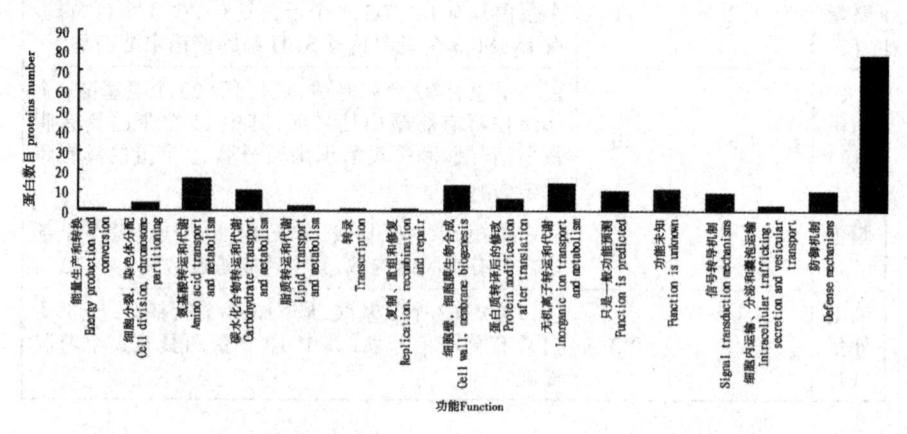

图2-5　动物双歧杆菌 AD011 外表面蛋白功能聚类

六、动物双歧杆菌基因组的研究进展

动物双歧杆菌是一种常用的益生双歧杆菌菌株,常以益生菌的形式添加到乳制品和其他食品中。双歧杆菌对环境胁迫比较敏感,这些胁迫严重影响该菌的生长、代谢和生理功能,从而使益生功能降低或丧失。不同种的双歧杆菌,其抗胁迫能力差异较大,即使相同种,菌株不同,抗胁迫能力也不相同,这主要取决于菌体对环境胁迫的应答。已有的研究表明,动物双歧杆菌在抵抗胁迫能力方面明显强于其他双歧杆菌种类,特别是针对酸、胆盐和氧胁迫环境[①]。自从2002年报道第1株双歧杆菌全基因组序列以来,越来越多的双歧杆菌全基因组序列被报道,对双歧杆菌的研究已从最初的形态学进入分子水平。对双歧杆菌全基因组的研究有助于全面揭示双歧杆菌的生理和代谢特征,加速对重要功能基因的进一步挖掘,为双歧杆菌的筛选和应用打下基础。该研究就动物双歧

---

① MILANI C, DURANTI S, LUGLI G A, et al. Comparative genomics of *Bifidobacterium animalis* subsp. lactis reveals a strict monophyletic bifidobacterial taxon[J]. Applied and environmental microbiology, 2013, 79(14):4304-4315.

杆菌基因组的最新研究进展、重要功能基因和比较基因组进行了综述。

（一）动物双歧杆菌基因组概况

第1株双歧杆菌全基因组测序的完成，表明从基因组层面上部分揭示了该菌在消化道环境的适应特征[①]。例如，在基因组中含有编码降解上消化道难以降解的复杂碳水化合物的酶类，以及部分菌体保护系统，阐明了菌体保护系统在双歧杆菌经胁迫环境后存活方面的重要性。至2017年3月，完成全基因组测序并提交至美国国立生物技术信息中心（national center for biotechnology information，NCBI）的动物双歧杆菌菌株有17株，基因组片段15株。已完成的动物双歧杆菌基因组概况见表2-4。

表2-4　动物双歧杆菌基因组概况

序号	菌株及编号	登录号	基因组	GC/%	蛋白数/个	基因数/个
1	动物双歧杆菌乳亚种 DSM10140	CP001606.1	1.938 48	60.5	1 534	1 610
2	动物双歧杆菌乳亚种 AD011	CP001213.1	1.933 69	60.5	1 518	1 614
3	动物双歧杆菌乳亚种 B1-04, ATCC SD5219	CP001515.1	1.938 71	60.5	1 538	1 611
4	动物双歧杆菌乳亚种 BB-12	CP001853.1	1.942 20	60.5	1 528	1 614
5	动物双歧杆菌乳亚种 V9	CP001892.1	1.944 05	60.5	1 541	1 613
6	动物双歧杆菌乳亚种 CNCMI-2494	CP002915.1	1.943 11	60.5	1 539	1 614
7	动物双歧杆菌乳亚种 BLC1	CP003039.2	1.938 58	60.5	1 539	1 611

---

① SCHELL M A, KARMIRANTZOU M, SNEL B, et al. The genome sequence of *Bifidobacterium longum* reflects its adaptation to the human gastrointestinal tract[J]. Proceedings of the national academy of sciences of the United States of America, 2002, 99(22): 14422-14427.

续表

序号	菌株及编号	登录号	基因组	GC/%	蛋白数/个	基因数/个
8	动物双歧杆菌动物亚种 ATCC25527	CP002567.1	1.932 69	60.5	1 478	1 586
9	动物双歧杆菌乳亚种 B420	CP003497.1	1.938 60	60.5	1 538	1 613
10	动物双歧杆菌乳亚种 Bi-07	CP003498.1	1.938 82	60.5	1 538	1 611
11	动物双歧杆菌乳亚种 Bl12	CP004053.1	1.938 61	60.5	1 537	1 611
12	动物双歧杆菌乳亚种 ATCC27673	CP003941.1	1.963 01	60.6	1 488	1 628
13	动物双歧杆菌 RH	CP007755.1	1.931 06	60.5	1 537	1 607
14	动物双歧杆菌乳亚种 KLDS2.0603	CP007522.1	1.946 90	60.5	1 529	1 614
15	动物双歧杆菌 A6	CP010433.1	1.958 65	60.5	1 545	1 626
16	动物双歧杆菌乳亚种 BF052	CP009045.1	1.938 62	60.5	1 538	1 611
17	动物双歧杆菌动物亚种 YL2	CP015407.1	1.800 48	60.1	1 390	1 486

由表2-4可看出,已经完成全基因组测序的动物双歧杆菌菌株主要为乳亚种,只有2株动物亚种:ATCC25527和YL2。动物双歧杆菌基因组相对较小(1.800 48～1.963 01 Mb),GC含量较高,大多数在60.5%,动物亚种YL2为60.1%,基因数目1 486～1 628,基因数目最多的为乳亚种ATCC27673(1628),最少的为动物亚种YL2(1486)。而编码蛋白数目1 390～1 541,最多的为乳亚种V9(1 541),最少的为动物亚种YL2(1 390)。

(二)动物双歧杆菌重要功能基因

动物双歧杆菌在双歧杆菌属中耐受环境胁迫的能力最强,可能与一些重要功能基因的表达变化有关系,如分子伴侣蛋白。除HpfG、hsp20外,动物双歧杆菌基因组中含有大多数种类的分子伴侣蛋白。种类丰富的分子伴侣蛋白在面临胁迫环境时,诱导蛋白的正确折叠,降解失活蛋白质，控制蛋白的质量，维持蛋白质功能的正常发挥，从而达到抵抗胁迫的作用。另外，动物双歧杆菌的基因组中还含有 ATP 酶和胆盐水解酶基因，使该菌能够抵抗消化道环境中的酸和胆盐胁迫环境。同时，动物双歧杆菌基因组中还含有大量降解复杂碳水化合物的酶基因，可以利用这些复杂碳水化合物提供菌体生长所需的能量，有利于环境适应。如 β-1,4- 内切葡聚糖酶 / 纤维素酶、β-1,4- 内切木聚糖酶、α-1,4- 葡糖苷酶、Oligo-1,6- 葡糖苷酶、β-D- 葡糖苷酶、N- 乙酰 -D- 葡萄糖胺 2- 差向异构酶、β-N- 乙酰己糖胺酶。

（三）动物双歧杆菌比较基因组学

随着大量动物双歧杆菌全基因组测序的完成，通过种内不同菌株之间或不同种间的比较基因组学，可以获得基因组结构差异、物种进化以及功能基因的相关信息。基于整个基因组序列建立的系统发育进化分析见图 2-6。

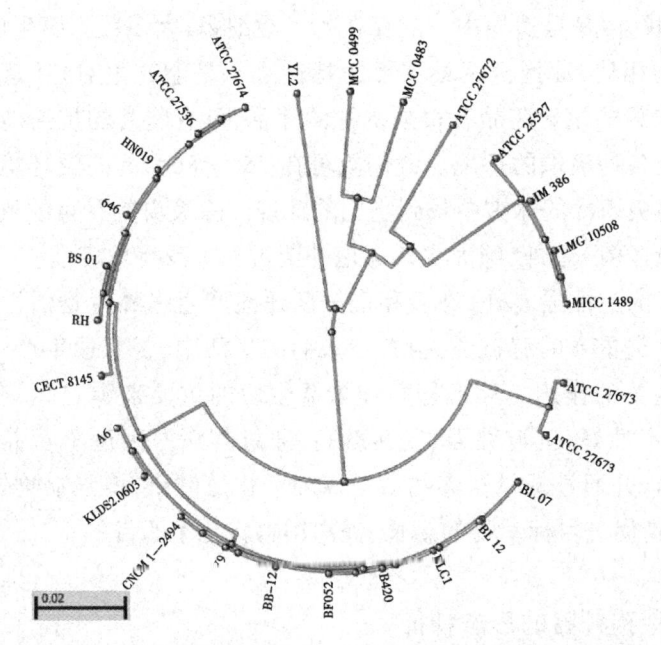

图 2-6 动物双歧杆菌基因组进化分析（引自 NCBI 数据库）

从图 2-6 可以看出，动物双歧杆菌基因组进化图一共分为 3 簇，动物亚种 YL2 与其他菌株之间的关系相对较远，动物亚种内的其他菌株之间亲缘关系较近，单独成一簇，乳亚种菌株成一簇，乳亚种菌株之间的亲缘关系比较近。

　　动物双歧杆菌基因学的研究将快速推动其理论和应用研究的进程，从分子水平上揭示动物双歧杆菌的进化规律，为动物双歧杆菌分类系统的界定提供可靠的依据，有助于从分子水平上系统阐述该菌的生理及代谢机制，进而加速优良菌种的选育和改造。同时，随着双歧杆菌基因组学、转录组学、蛋白质组学以及相关交叉学科，如生物信息学、计算机学等学科的进一步发展和壮大，将进一步挖掘基因组数据，促进动物双歧杆菌的应用。

第三节　芽孢杆菌类

　　芽孢杆菌是自然界中广泛存在的一类细菌，大多数为腐生菌。同其他微生物相比，芽孢杆菌最主要的特性之一是能产生对热、紫外线、电磁辐射和某些化学药品有很强抗性的芽孢，具有非凡的抗逆能力，因此可以耐受各种极端的环境。我们既可在75～80℃的高温环境下生存，也可在南极寒冷的冰雪中找到它们的踪迹。除极少数有毒的致病菌（如炭疽芽孢杆菌）之外，绝大多数芽孢杆菌对人类没有危害性。

　　除了抗逆性强之外，许多芽孢杆菌还能产生多种生物活性物质，它们是一大类重要的有益微生物，在人们的生活中、工农业生产中发挥着越来越重要的作用。芽孢杆菌作为益生菌的重要来源之一，有许多优势，如稳定性好、抗逆性强、复活率高，通过与病原菌竞争营养物质，抑制病原菌，并通过提供营养物质等保障消化道健康，增强动物体的免疫功能，达到促进目标动物的生长、提高饲料转化率的目的。

一、芽孢杆菌的形态特征

（一）芽孢杆菌的菌落形态

　　芽孢杆菌菌落特征是区分种的一个重要标志，不同种的芽孢杆菌在一定的培养基上生长时,由于菌体分裂方式的差异,根据是否分泌色素,根据是否运动及运动方式和能力是否相同,会形成不同的菌落特征。菌落特征可用来初步鉴定芽孢杆菌的种类。芽孢杆菌菌落特征包括特定培养条件下的菌落大小、单菌落形状、颜色、菌落表面特性、菌落表面光滑度、菌落光学特性和菌落边缘整齐度等。菌落形态观察可采用平板培养菌株 24～36 h。如枯草芽孢杆菌在 LB 琼脂平板上 37 ℃培养 48 h 形成的菌落为圆形,直径 3.4～10.0 mm,浅黄色,中间凹陷,表面平整不光滑,无光泽,边缘不整齐。

芽孢杆菌的繁殖方式主要以二分裂为主。适宜条件下,分裂一次所需的时间即代时,不同菌种会有所不同。例如枯草芽孢杆菌的代时为 26～32 min,蕈状芽孢杆菌的代时为 28 min,而蜡状芽孢杆菌代时则相对较短,只有 18 min。

芽孢杆菌多数具有鞭毛,能运动,故菌落边缘形状不规则,常呈波形、齿状。细胞分裂后常呈链状排列,因此菌落表面粗糙,有环状或放射状的皱褶。而且芽孢杆菌生长后期会产生芽孢,菌落因折光率的变化变得不透明或有干燥的感觉。例如,枯草芽孢杆菌由于侧生鞭毛,能运动,菌落特征是边缘不整齐,表面皱褶状。地衣芽孢杆菌边缘常形成毛发状,且和培养基结合紧密。芽孢杆菌的运动情况可用穿刺接种的办法来进行判断。在琼脂半固体培养基上穿刺接种,如果芽孢杆菌只沿穿刺接种部位生长,则其为不运动杆菌;如果向穿刺线四周扩散生长,则为运动细菌。

(二)芽孢杆菌的细胞形态与结构

芽孢杆菌为单细胞个体,只在快速分裂时可以暂时呈现链状。芽孢杆菌最明显的特征之一是能形成芽孢,细胞存在两种形态:芽孢和营养体。营养体的细胞基本形态有杆状和椭圆状。杆状有长杆状和短杆状,椭圆状有长椭圆和短椭圆。

1. 芽孢杆菌细胞的表面结构

与大多数革兰氏阳性菌一样,芽孢杆菌具有复杂的表面结构,这种复杂结构与其能耐酸、耐盐、耐高温等抗性有关。芽孢杆菌营养细胞表面是一种片状结构,由荚膜、S 层(slime layer,黏液层)以及几层肽聚糖片层和质膜外表蛋白质等组成。

（1）S层。

S层是许多古细菌和真细菌中都具有的细胞表面结构,在芽孢杆菌的很多菌属成员中都有发现。S层是由糖蛋白组成的晶格状结构,是生物进化过程中最简单的一种生物膜,其厚度为5～20nm。与其他细菌的S层一样,芽孢杆菌的S层结构的具体功能目前尚不完全清楚,但是已知S层可以防止细菌的自聚。S层还与细胞的附着性能相关。芽孢杆菌中S层可作为胞外酶的吸附位点,如胞外淀粉酶可在S层紧密排列,而不干扰其他物质穿过。某些细菌的S层具有抵御有害物质侵袭、防止细胞黏合的功能。

（2）荚膜。

细菌的荚膜由多糖或多肽组成,许多芽孢杆菌的荚膜都含有D型或L型谷氨酸的多肽,如枯草芽孢杆菌、巨大芽孢杆菌、地衣芽孢杆菌等;而有些可以形成多糖荚膜(其中葡萄糖和果聚糖比较常见,但有时也会产生更复杂的多糖),如短小芽孢杆菌、环状芽孢杆菌、巨大芽孢杆菌、蕈状芽孢杆菌等。一些芽孢杆菌的多聚糖能与其他一些种属细菌(包括人类病原体)的抗血清产生交叉反应。用透射电子显微镜可以观察到,在细胞表面有呈纤丝状排列的一些多肽和复杂的多糖荚膜。这种荚膜在光学显微镜下也容易观察到。巨大芽孢杆菌的荚膜由多肽和多糖组成,多肽分布在沿着细胞轴的侧位,多糖则分布在细胞的两极和赤道面上。炭疽芽孢杆菌的芽孢囊由多聚D-谷氨酸组成,芽孢囊是其毒力的主要决定因素。与炭疽芽孢杆菌亲缘关系最近的蜡状芽孢杆菌和苏云金芽孢杆菌则不产生芽孢囊,也就是说,可以用是否产生芽孢囊这个标准来区别炭疽芽孢杆菌和苏云金芽孢杆菌。

2. 细胞壁

芽孢杆菌是革兰氏阳性菌,细胞壁的主要成分是肽聚糖和胞壁酸。但与多数革兰氏阳性菌中的肽聚糖结构变化很不一样。几乎所有芽孢杆菌营养细胞的细胞壁都是由含有内消旋二氨基庚二酸的肽聚糖组成的,但 B.sphaericus 及相关种 B.pasteurii 和 B.globisporus 则例外,它们含有赖氨酸。

芽孢杆菌的细胞壁除了含有肽聚糖之外,还含有大量磷壁酸。芽孢杆菌磷壁酸的种类非常多,种间和种内有很大区别。根据结合部位不同分为壁磷壁酸和膜磷壁酸。壁磷壁酸是与肽聚糖分子间共价结合,可用稀酸或稀碱进行提取,含量可达壁重的50%;而膜磷壁酸是与细胞膜的磷脂连接在一起的,可用45%的热酚水提取。

3. 鞭毛

大多数芽孢杆菌有鞭毛,能运动。细菌的鞭毛主要由微丝组成,其蛋白质成分是鞭毛蛋白,通常没有质膜包被。枯草芽孢杆菌周生鞭毛,依靠鞭毛来实现趋化性。由于坚强芽孢杆菌鞭毛纤丝的嗜碱性以及氨基酸含量偏低,它在pH值为11时仍很稳定。芽孢杆菌的许多社会行为都需要借助鞭毛的完整功能来实现,如集群运动以及生物被膜的形成过程等。细菌鞭毛运动的能量一般认为是,来自细胞膜的电子产生系统产生的电化学梯度。

二、芽孢杆菌的代谢

芽孢杆菌的益生功能主要与其代谢及代谢产物密切相关。芽孢杆菌是典型的肠道益生菌,与肠黏膜上皮细胞密切接触,积极参与肠道内的代谢过程,在宿主肠道细胞代谢中主要参与糖类和蛋白质的代谢,并能促进酶活及相关酶的合成。

芽孢杆菌在代谢过程中产生大量代谢产物,如各种酶类、维生素和多种抗菌物质。芽孢杆菌代谢中产生各种酶,具有很强的蛋白酶、脂肪酶及淀粉酶活性,同时还具有降解复杂碳水化合物的酶,如果胶酶、葡聚糖酶和纤维素酶等,这些酶能够破坏植物饲料细胞的细胞壁,促使细胞的营养物质释放出来,并能消除饲料中的抗营养因子,减少抗营养因子对动物消化利用的障碍。再加上芽孢杆菌能产生抗逆性很强的芽孢,耐高温、耐高压和耐酸(低pH值),不论在颗粒或液状饲料中都比较稳定,非常适合用作饲用微生态制剂,可以补充肠道内源酶的不足,促进饲料消化。芽孢杆菌代谢过程中还产生大量抗菌物质,Babad 和 Johnson 分别在 1952 年和 1954 年,从枯草芽孢杆菌培养液中分离出抗菌物质。此后经过几十年的探索,人们发现芽孢杆菌在生命活动中产生多种拮抗物质,不同的菌株产生的抗菌物质有的相同,有的不同。芽孢杆菌属产生的拮抗物质有蛋白类、肽类、脂肽类、大环内酯类、酚类、多烯类和氨基糖苷类等,这些代谢产物表现出很强的抗菌、抗病毒和抗肿瘤等生物活性,在生物防治、医学应用方面有良好的应用前景。

(一)芽孢杆菌对糖类的代谢

糖类是多羟基醛或多羟基酮及其缩合物和衍生物的总称,是微生物赖以生存的主要碳水化合物与能源物质。人和动物摄入的糖类大部分属于多糖,主要包括淀粉、糖原、纤维素、半纤维素、木质素和果胶,这些物质多数无法被人和动物直接消化,需要人和动物肠内的微生物来辅助降解。芽孢杆菌益生菌能分泌大量水解酶,使这些大分子物质变成小分子的葡萄糖后被宿主吸收。芽孢杆菌对糖类的分解主要通过以下途径中的一种或多种进行:①双磷酸己糖降解途径(糖降解,EMP 途径);②单磷酸己糖降解途径(磷酸戊糖,HMP 途径);③ 2-酮-3-脱氧-6-磷酸葡萄糖酸裂解途径(糖类厌氧分解,ED 途径);④磷酸解酮酶途径。

1. 淀粉的分解

淀粉是葡萄糖通过糖苷键连接起来的大分子物质,按糖苷键的类型不同分为 α-1,4 糖苷键构成的直链淀粉与由 α-1,4 糖苷键和 α-1,6 糖苷键构成的支链淀粉两种:自然淀粉中,支链淀粉一般占 80%～90% 而直链淀粉占 10%～20%。以淀粉作为生长碳源与能源的微生物能利用本身合成并分泌到胞外的淀粉酶,将淀粉水解生成二糖与单糖后吸收,然后再分解与利用。

芽孢杆菌产生的淀粉酶主要是 α-淀粉酶。α-淀粉酶为内切酶,可将淀粉大分子水解成易溶解的麦芽糖或其他双糖等中低分子量物质,有利于宿主的吸收利用。能够产生淀粉酶的芽孢杆菌有地衣芽孢杆菌、枯草芽孢杆菌、淀粉液化芽孢杆菌、巨大芽孢杆菌、多粘芽孢杆菌、蜡状芽孢杆菌和环状芽孢杆菌等。其中地衣芽孢杆菌和枯草芽孢杆菌已经被工业化应用于生产淀粉酶。

2. 纤维素的分解

纤维素是自然界中分布最广、含量最多的一种多糖。纤维素是葡萄糖通过 β-1,4-糖苷键连接形成的不溶于水的直链大分子化合物。纤维素是稳定、较难降解的多糖,只有在产生纤维素酶的微生物作用下,才能分解成简单的糖类。纤维素酶不是单一酶,而是一类能够将纤维素降解为葡萄糖的多组分酶系的总称,因此又称纤维素酶复合物。这些酶相互协同,最终将纤维素水解为葡萄糖。

3. 果胶质的分解

果胶是构成高等植物细胞间质的主要成分,它是由 $D-$ 半乳糖醛酸以 $\alpha-1,4$ 糖苷键连接起来的直链高分子化合物。天然的果胶质是一种水不溶性的物质,通过果胶酶水解,切断 $\alpha-1,4-$ 糖苷键,最终生成半乳糖醛酸。果胶酶大多由霉菌产生,产果胶酶的芽孢杆菌较少。芽孢杆菌能将果胶分解成为半乳糖醛酸,并且进入糖代谢途径被分解成为挥发性脂肪酸并能释放出能量。枯草芽孢杆菌能产碱性果胶酶,短小芽孢杆菌也有产果胶酶的报道。

4. 几丁质的分解

几丁质是一种由 $\beta-1,4$ 氮乙酰葡萄糖胺聚合而成的多糖。几丁质稳定、不易被分解。它是真菌细胞壁、甲壳动物和昆虫体壁的主要组成成分,一般的生物都不能分解与利用它,只有某些细菌(如嗜几丁质芽孢杆菌)和放线菌(链霉菌)能分解与利用它进行生长。这些细菌能合成及分泌几丁质酶,使几丁质水解生成几丁二糖,再由几丁二糖酶进一步水解生成 $N-$ 乙酰葡萄糖胺。$N-$ 乙酰葡萄糖胺再经脱氨基酶脱氨基生成葡萄糖和氨。产几丁质酶的芽孢杆菌有短小芽孢杆菌、地衣芽孢杆菌、枯草芽孢杆菌和嗜几丁质类芽孢杆菌(*Paenibacillus chitinolyticus*)。

(二)芽孢杆菌对蛋白质的代谢

蛋白质是由20种基本氨基酸通过肽键组成的生物大分子。蛋白质分解过程是由蛋白酶和肽酶联合催化降解的,蛋白质先在蛋白酶作用下分解成多个多肽,然后多肽在肽酶作用下分解成各种氨基酸,肽酶分为氨肽酶和羧肽酶两种。氨肽酶只能作用于具有游离氨基端的多肽;羧肽酶只能作用于有游离羧基端的多肽。肽酶是一种胞内酶,它在细胞自溶后被释放到环境中。芽孢杆菌具有强烈的分泌功能,产蛋白酶的能力也比较强。绝大多数的芽孢杆菌都能够产生胞外蛋白酶,有十几个菌种具有较强的产酶能力,如枯草芽孢杆菌、短小芽孢杆菌、地衣芽孢杆菌、坚硬芽孢杆菌、蜡状芽孢杆菌和嗜热脂肪芽孢杆菌等。芽孢杆菌也能产氨肽酶,如嗜热脂肪芽孢杆菌、地衣芽孢杆菌、枯草芽孢杆菌和短小芽孢杆菌等。芽孢杆菌可分解存在于消化道的来自食物或来自宿主本身组织的所有氮化物,而且还可合成大量可被宿主再利用的含氮产物。大量研究证明,它们可进行使蛋白质降解的分解代谢过程,而且能够利用氨合成菌体蛋白质,这种代谢过程对反刍动物类宿主的氮营养是相当重要的。

三、芽孢杆菌在畜禽养殖行业中的应用

目前芽孢杆菌类微生物饲料添加剂已广泛用于畜禽养殖行业中,在养殖家禽、养猪和反刍动物等方面都取得了良好的应用效果。饲料中添加芽孢杆菌微生态制剂不仅能提高畜禽生产肉、奶和蛋等的产量,而且有望大量降低抗生素用量,提高肉蛋奶等产品的品质,给养殖户带来显著经济效益。芽孢杆菌还能产生多种酶,故能减少饲料和酶制剂的添加量,显著降低饲料企业的生产成本。

(一)在家禽中的应用

地衣芽孢杆菌加入肉鸡的饮水中,对饲喂的肉鸡的生长速度(增重)、鸡肉的风味和鸡胸肉营养指标都有很大的提升作用。肉鸡的营养(总蛋白、风味氨基酸和总氨基酸)含量都有大幅度提高。肉鸡生长速度方面,不管是对肉鸡类公鸡还是肉鸡类母鸡,促生长效果显著,多增重在10%左右。

芽孢杆菌复合微生态制剂的合理使用可以有效地改善蛋鸡的生产性能,尤其可以显著提高鸡产蛋率和日产蛋重,对鸡蛋品质,如蛋壳强度、厚度、蛋黄颜色和鸡蛋中胆固醇含量都有明显的正效应,而且可以大幅提高鸡蛋的卫生指标。

(二)在猪生产中的应用

我国是世界上最大的猪肉生产国和消费国,猪肉是中国必不可少的

肉类,其消费量占肉类消费的60%以上。芽孢杆菌在生猪养殖的各个阶段都有良好的应用前景。对猪的试验研究结果表明,芽孢杆菌对于仔猪的作用效果最好,对较大的生长肥育猪效果低,这可能是因为日龄大的猪消化道微生物区系比较健全,添加益生菌的作用效果无法体现。此外,芽孢杆菌还可以提高母猪的繁殖能力。妊娠后期的母猪采食添加蜡状芽孢杆菌的饲料后,母猪乳汁中脂肪的含量与对照组相比提高了0.48%。母猪体重下降幅度也明显降低,而且仔猪的死亡率和腹泻率也显著降低。

(三)在反刍动物中的应用

给反刍动物饲用益生芽孢杆菌,具有良好的改善胃肠道菌群,增强对病原菌的抵抗力,提高动物健康水平和生产性能的作用。

在生产中应用较多的芽孢杆菌主要有地衣芽孢杆菌、枯草芽孢杆菌和纳豆芽孢杆菌等。芽孢杆菌能产生乙酸、丙酸和丁酸等挥发性脂肪酸,改善反刍动物瘤胃内环境,乙酸水平与乳脂率呈正相关,所以乙酸增多会提高牛奶的乳脂率。芽孢杆菌还可促进纤维分解菌在牛犊消化道中定植和生长,促进动物对植物性饲料中纤维素的碳水化合物的降解程度。

芽孢杆菌对反刍动物的生产性能和抗病治病有多方面的作用,有研究表明,芽孢杆菌微生态制剂对腹泻奶牛和牛犊及腹泻羔羊有良好的治疗效果。在奶牛生产中,芽孢杆菌制剂不仅可以提高产奶量,提高乳脂率和乳蛋白率,改善乳品质,而且应用于牛犊中,可以提高日增重,缩短断奶日龄,有利于消化道的发育以及纤维分解菌的定植和生长。据报道,添加由枯草芽孢杆菌、蜡样芽孢杆菌和地衣芽孢杆菌等为主组成的微生态制剂,产奶量提高了10%~15%,乳脂率提高了0.24%~0.5%,且奶中体细胞数也有所降低,可见奶牛的健康水平和生产性能都得到了显著提高。

四、芽孢杆菌在农业生产中的应用

芽孢杆菌在农作物生物防治和农用微生物肥料等方面都有很好的应用前景。

(一)芽孢杆菌的生物防治应用

化学农药的贡献是举世公认的。据估计,化学农药的使用有效控制了农作物的病、虫、草害,使全世界每年挽回农作物总产量30%～40%的损失,20多种由昆虫、蜱螨引起的严重威胁人类健康的疾病也得到了有效的控制。我国人均耕地 0.073 hm^2,远低于世界平均水平,需以占世界7%的耕地养活占世界20%以上的人口,必须持续大力发展农业。目前我国的农业生产中,化学农药是最重要也是最有效的植物保护手段。但长期大量使用化学农药,带来了环境污染、生态平衡被破坏等一系列严重问题,可持续发展农业必须合理利用化学农药,更要大力发展生物防治等新的植保手段。尤其是进入21世纪以来,公众环境保护意识日益提高,对食品安全关注愈加密切,生物防治获得高度重视的同时也获得了绝佳的发展机遇。

生物防治是利用有益生物或其他生物来控制病虫草害的技术,已成为植物保护不可缺少的组成部分。生物防治能替代高毒性残留的化学农药,降低蔬菜和水果等农产品的农药残留,提高有机食品和绿色食品的生产能力。

芽孢杆菌广泛存在于自然界中,是农作物重要的病害生防细菌之一,具有较强的防病作用。芽孢杆菌作为生防细菌有很多优势:①能产生耐热的芽孢,芽孢既易于生产和剂型加工,又易于存活和定植与繁殖。②生产工艺简单,成本低,施用方便,储存期长。③与不产生芽孢的细菌和真菌生防菌株相比,芽孢杆菌类生防制剂稳定性更好,与化学农药的相容性更佳。

(二)新型高效微生物肥料

现代农业可以说是建立在化肥的基础上,但是化肥的过量使用也存在化肥利用率低,导致土壤性质恶化、土壤肥力下降、环境污染日趋严重和农产品质量降低等多种问题。为了克服化肥过量使用带来的各种弊端,各国科学家一直在努力探索如何提高化肥利用率,平衡施肥,合理施肥,并开发微生物肥料等新型肥料。

微生物肥料是活体肥料,它的作用主要靠它含有的大量有益微生物的生命活动代谢来完成。芽孢杆菌具有解磷、解钾和固氮等生物活性,而且能产生许多抗菌物质,目前在微生物肥料中应用非常广泛,其次是巨大芽孢杆菌、侧孢芽孢杆菌、地衣芽孢杆菌和胶冻样类芽孢杆菌(硅酸盐细菌,俗称钾细菌)。一般认为芽孢杆菌主要有三种功效:①提高农作物抗病虫、抗干旱和抗寒等能力;②促进土壤有机质分解成腐殖质,提高土壤肥效;③具有良好的解磷、解钾和一定的固氮作用,促进农作物生长和成熟。

部分枯草芽孢杆菌具有一定的固氮能力,但目前我国应用的各种微生物肥料中固氮菌类包括根瘤菌类都是无芽孢菌类。由于无芽孢杆菌不耐高温和干燥,在剂型上只能为液体制剂或将其吸附在基质如草炭或蛭石等中制成接种剂,运输和施用成本高,因此开发具有高效固氮能力的芽孢杆菌属细菌是国际微生物肥料的研发热点。现已为国际承认的有固氮作用的需氧芽孢细菌是多粘芽孢杆菌(*Bacillus polymyxa*),其中一个有较强固氮能力的变种于1984年定名为固氮芽孢杆菌(*Bacillus azolofixans*)。

五、芽孢杆菌在医药卫生及环境保护方面的应用

除了作为微生态制剂的重要益生菌应用于畜禽养殖、农业生防等之外,芽孢杆菌还在医药、酶制剂工业和环境保护等方面有广阔的应用前景。

(一)医药卫生方面的应用

用作医药的芽孢杆菌主要是活菌制剂,根据微生态学原理,利用对人体无害甚至有益的活菌来拮抗外籍菌或过盛菌,通过生物拮抗作用来达到防治疾病和提高健康水平的目的。目前,用于活菌制剂的芽孢杆菌主要有蜡质芽孢杆菌、地衣芽孢杆菌和枯草芽孢杆菌等。最有代表性的产品之一就是1992年问世的"整肠生"制剂,其生产菌种地衣芽孢杆菌是我国自行分离出来并用于生产的新菌株,具有调节微生态平衡、治疗肠炎和腹泻等多种作用。"整肠生"制剂由东北制药集团公司沈阳第一制药有限公司生产。其他已商业化的医药产品有"促菌生"(蜡样芽孢杆菌,成都生物制品研究所)、"乳康生"(蜡样芽孢杆菌,大连医科大学)、"爽舒宝"(凝结芽孢杆菌活菌片,青岛东海药业有限公司)、"阿泰宁"(酪酸梭菌活菌胶囊,青岛东海药业有限公司)等,除此之外还有小儿药品"妈咪爱"(枯草杆菌二联活菌颗粒,含枯草芽孢杆菌和屎肠球菌,北京韩美药品有限公司),仅"妈咪爱"一种产品,每年全国的销售额就达数亿元。

(二)环境保护方面的应用

芽孢杆菌在水体净化方面也有广泛应用。如在水产养殖业中用来改善水生养殖环境,实行生物修复。在水产养殖中,微生态环境起着水产动物排泄物及残余饵料的分解、转化以及水质因子的调节与稳定等作用。我国水产养殖多以在静水中投饵喂养为主,池塘水体老化严重,自净与调节能力较差,水体富营养化严重,导致水产动物疾病频繁发生。芽孢杆菌是土壤中的优势菌种,分解、转化和适应能力强,对养殖生物和人体无害,已被大量地用于水产养殖中。国内水产养殖中最常用的芽孢杆菌是枯草芽孢杆菌。枯草芽孢杆菌能够降低水体的富营养化程度,改善水质,优化养殖水体环境,保持养殖池微生态平衡,从而降低病害的发生,提高水产品的品质。

在城市生活垃圾等富含有机质的固体废弃物的处理方面,芽孢杆菌也有很好的应用前景。城市生活垃圾是城市环境的主要污染物之一,生物法处理垃圾是国内外的发展趋势。生物处理技术就是利用城市生活垃圾中固有的或外加的微生物,在一定控制条件下,进行一系列的生物化学反应,使得垃圾中的不稳定的有机物代谢后释放能量或转化为新的细胞物质,从而使垃圾逐步达到稳定化的生化过程。生物处理技术又包括好氧和厌氧生物处理。好氧生物处理主要通过添加芽孢杆菌属、假单胞菌属(*pseudomonas*)和克雷伯氏菌属(*klebsiella*)等细菌,依靠细菌强大的比表面积,快速将可溶性底物吸收到细胞中,进行胞内代谢。

重金属污染也是目前环境污染的主要种类之一,利用芽孢杆菌吸附重金属,是治理重金属污染的一种很有潜力的方法。目前报道的用于重金属吸附的芽孢杆菌主要有蜡状芽孢杆菌、巨大芽孢杆菌和胶质芽孢杆菌等。

第四节 酵母菌类

真菌通常又分为三类,即酵母菌、霉菌和蕈菌(大型真菌),它们归属于不同的亚门。其中,真菌中应用最多的就是酵母制剂。酵母可用于发酵,生产调味品,而且酵母本身就有很高的营养价值。

一、酵母菌的菌落形态

酵母菌约有1 500种,占所有真菌物种的1%。酵母大多是单细胞微生物,常呈卵圆形或者圆柱形,尽管一些酵母种可能因为出芽生殖形成类似于真菌的假菌丝。每种酵母细胞有一定的形态大小,一般细胞宽1～5 μm,长5～30 μm,酵母菌种类不同,其大小也有很大的差异。有些酵母,如解脂假丝酵母与其子代细胞连在一起成链状,形成假菌丝。大多数酵母菌的菌落特征与细菌相似,但比细菌菌落大而厚,外观较稠和较不透明。在培养基平板上形成的菌落湿润、黏稠、较光滑,有一定的透明度,易挑取,质地均匀,正、反面及边缘与中央颜色较一致,多呈乳白色、矿烛色、少数红色,个别黑色,有酒香味此外,凡不产假菌丝的酵母菌菌落隆起,边缘圆整;产假菌丝的则菌落较平坦,表面和边缘较粗糙。

酵母菌的形态通常有球形、卵圆形、腊肠形、椭圆形、柠檬形或藕节形等,比单细胞个体的细菌要大得多。酵母菌具有典型的真核细胞结构,除具有细胞壁、细胞膜、细胞核、细胞质、液泡、线粒体、核糖体和内质网外,个别酵母还具有微体、荚膜和鞭毛。酵母菌的遗传物质有细胞核DNA、线粒体DNA,以及特殊的质粒DNA。

酵母菌在幼龄阶段的细胞壁较薄而富有弹性,之后逐渐变硬变厚。经过出芽生殖的酵母菌,在细胞壁上有芽痕和蒂痕,其壁粗糙,细胞壁的主要成分是葡聚糖和甘露聚糖,占壁干重的85%以上,其余是蛋白质、氨基葡萄糖、磷酸和类脂,而几丁质含量因种而异。裂殖酵母的细胞壁一般不含几丁质,啤酒酵母含几丁质1%～2%,有些丝状酵母含几丁质超过2%。核膜上有许多小孔,中心体附在核膜上。中心染色质附在中心体外,有一部分与核相接触。线粒体呈球状、杆状,一般位于核膜及中心体表面。大多数酵母菌,特别是球形酵母菌、椭圆形酵母菌,细胞中都有一个液泡,长形酵母菌有的有两个位于细胞两端的液泡。在细胞静止阶段液泡较大,开始出芽时液泡被收缩成许多小液泡,出芽完成后,小液泡又可合成大液泡。

二、酵母菌的培养及发酵

（一）酵母菌的培养

酵母是一种天然发酵剂,广泛分布于整个自然界,它能将葡萄糖发酵产生乙醇和二氧化碳。酵母是一种典型的兼性厌氧微生物,在有氧和无氧条件下都能够存活,正是因为酵母菌的这一特性,使其可以在不同的生长条件下以不同的代谢途径产生能量供自身生长繁殖,同时产生不同的代谢产物。例如在无氧条件下,酵母菌能够进行无氧呼吸,分解葡萄糖释放能量并生成乙醇。

酵母在培养过程中所需营养主要有碳源、氮源、无机盐以及生长因子。

（1）碳源主要用于提供能量,组成细胞结构。一些糖类、油脂、有机酸和低碳醇等都可以作为碳源。

（2）氮源物质是微生物细胞蛋白质和核酸中氮的主要来源,可分为有机氮如蛋白胨、尿素等,和无机氮如一些铵盐、硝酸盐等。需要注意的是,一些无机氮源的迅速利用会引起培养体系pH值的变化,如$(NH_4)_2SO_4$、$NaNO_3$等。

（3）无机盐补充的是一些矿物质,有Mg、P、K、Na、S、Cu、Fe、Zn等,常用的无机盐有K_2HPO_4、$MgSO_4$等。

（4）生长因子是酵母在生长过程中不可缺少的微量有机物质,如维生素、氨基酸、嘌呤、嘧啶及其衍生物等。

实验室条件下,可采用三角瓶培养法获得少量酵母菌。配置好液体培养基,分装适量于三角瓶中,经高压灭菌冷却至室温后,接入已活化的斜面种子,在温度为 26～28℃的条件下培养 2～3 d,隔 5～8 h 摇动 1 次。培养完后用离心机在 8 000～10 000 r/min 下离心,去上清可得酵母细胞。

酵母菌生长所需的培养基中,碳源、氮源、无机盐、生长因素和水必须含量足够且配比适宜,这样才能保证酵母的良好生长与繁殖,多数酵母菌可以利用葡萄糖、蔗糖、麦芽糖等小分子糖类进行同化或发酵,少数种类能利用五碳糖及淀粉等大分子糖类。一般多采用天然培养基或半合成培养基以满足酵母菌对营养的要求。

酵母菌的优化培养方案因发酵产物的不同也有所不同,影响酵母发酵的主要因素有碳源、氮源、培养基 pH 值、温度、无机盐及添加物浓度。

实验室常用酵母培养基有很多种,其中麦芽汁培养基和马铃薯葡萄糖培养基在培养酵母菌和霉菌中应用较为广泛。马铃薯葡萄糖培养基也可用于放线菌的培养,豆芽汁葡萄糖培养基也可用来培养酵母菌和霉菌,对霉菌的形态进行观察时一般用察氏培养基(恰佩克培养基)。上述培养基中麦芽汁培养基为天然培养基,马铃薯葡萄糖培养基和豆芽汁葡萄糖培养基为半合成培养基,察氏培养基为合成培养基。这些培养基只能满足酵母菌在实验室条件下的生长,如果要进行大量培养,则需要对培养基的成分和配比进行优化。

在进行酵母菌液体培养时,影响其最终菌体浓度的因素有很多,从培养基的成分方面有碳源、氮源、碳氮比、无机盐、生长因子等;从培养条件的方面有温度、最适 pH 值、曝气量等。可用单因素试验和正交设计试验确定酵母菌的最佳培养条件。通常先通过单因素试验确定最佳碳、氮源,或者确定最佳碳氮比,再与正交试验相结合,从而较快得出最优培养基成分和最佳培养条件。

大规模发酵用培养基应尽量满足以下需求:必须提供合成酵母菌细胞和目标产物的基本成分;利于增加产物浓度,从而提升发酵罐的生产能力;利于产物合成速率的提高,从而缩短发酵周期;尽量减少副产物的形成,便于分离和纯化产物;原料来源广,易获得,质量稳定,价格便宜;所用原料尽可能减少对发酵过程中通气搅拌的影响,利于提高氧的利用率,降低能耗;有利于产物的分离纯化,减少"三废"的产生。

(二)酵母菌的发酵

在传统发酵过程中,酵母细胞处于游离分散状态,细胞浓度低,而且再利用困难。例如在啤酒的间歇式发酵中,啤酒酵母需经过长时间的培养达到一定细胞浓度后再添加(或直接采用回收酵母),并且在主发酵结束后,还要回收、洗涤酵母,操作较多,易被杂菌污染。酵母菌经固定化后进行发酵,菌体与发酵液分离相对容易,并且固定化后的菌体可重复利用,在减少操作步骤后抵抗杂菌污染的能力增强,也使得发酵罐内细胞密度增大,酵母菌固定化后可通过填充床反应器实现连续化生产,提升发酵罐生产效率。

根据原理可将酵母菌的固定化分为吸附法和包埋法。吸附法是利用各种吸附剂,将酵母吸附在其表面而使细胞固定的方法。用于酵母固定化的吸附剂主要有硅藻土、多孔陶瓷、多孔玻璃、多孔塑料、金属丝网、微载体和中空纤维等。根据酵母细胞带负电的特点,在pH值为3～5的条件下,可将其吸附在多孔陶瓷、多孔塑料等载体的表面,制成固定化细胞包埋法则是用多孔载体将酵母细胞包埋在其内部从而将其固定,又可分为凝胶包埋法和半透膜包埋法,其中凝胶包埋法应用最广。包埋法常用的载体有琼脂、明胶、海藻酸钠(SA)、聚乙烯醇(PVA)和丙烯酰胺(ACRM)。海藻酸钠作为一种天然多糖,具有对微生物无毒害、浓缩溶液、形成凝胶和成膜等特点。海藻酸钠溶胶凝胶过程温和、生物相容性良好,在酵母固定化过程中应用广泛。

以海藻酸钠包埋法为例,材料为酵母菌悬液、4%海藻酸钠溶液、0.05 mol/L的氯化钙溶液。将酵母菌悬液与4%海藻酸钠溶液等比例混合,37℃水浴。将海藻酸钠–菌悬液混合物吸入注射器后与静脉注射针头相连,适度加力使溶液成滴滴入0.05 mol/L的氯化钙溶液中,凝胶成球状颗粒,静置一段时间后可得将细胞固定的海藻酸钙凝胶。在海藻酸钠凝胶的制备过程中,海藻酸钠的浓度影响固定化细胞的机械强度、质量传递等,进而影响到微生物的活性。固定化颗粒的强度随着海藻酸钠浓度的增高而增强,但浓度过高会使得包埋剂黏性增加,不利于固定化操作。试验表明,用浓度2%的海藻酸钠包埋酵母菌能使酵母的生长速率达到最高并能在较长的时间内维持生长。固定剂$CaCl_2$通过钙离子与海藻酸根离子螯合,形成海藻酸钙凝胶将细胞固定当$CaCl_2$浓度为2%～3%时,固定化颗粒在使用过程中会出现膨胀,甚至出现裂缝或破碎。交联时间长短也会对固定化细胞的活性产生影响,海藻酸钠固定微生物细胞时,18 h 和 20 h 的交联时间生成的球状颗粒强度均良好,但固定化小球的增重在 18 h 最高,故 18 h 为最适交联时间。

改性后的海藻酸钠虽能改善固定化颗粒的发酵性能,但也增加了生产成本,使操作过程更为复杂。此外,膜组合工艺虽能解除抑制,但是成本较高,易出现堵塞、污染等问题。所以酵母菌的固定化还有待进一步研究与优化。

三、酵母菌在动物生产中的应用

从 20 世纪 20 年代起,活性酵母开始作为反刍动物的蛋白质补充剂应用于动物饲养中。20 世纪 50 年代,人们将低剂量的活性酵母培养物添加到反刍动物日粮中,发现阉牛的日增重和奶牛的日产奶量都得到提升。近年来的研究发现,将活性酵母添加于动物日粮中,能改善动物对营养物质的消化吸收,提高动物的健康状态和生产性能。

活性酵母对动物的有益作用可能来源于以下因素。活性酵母进入动物肠道后,改善了肠胃道环境和菌群结构,调控肠胃发酵,使乳酸盐的生成减少,从而提高了 pH 值的稳定性,从而促进动物胃肠道中的有益菌群如乳酸菌、纤维素分解菌等的繁殖及活力的提高;增加了整个肠道有益菌群的浓度,促进肠胃对饲料的分解和消化吸收,提高动物对饲料的利用率,增强动物体质,利于肉蛋奶等产量与品质的提高。

动物食用加入活性酵母的日粮后,酵母进入胃肠道生长和繁殖,与病原性微生物菌群进行生存竞争,可以有效抑制病原性微生物的繁殖,排斥胃肠黏膜表面病原菌的附着,协助机体消除毒素及其代谢产物,增加机体免疫和抗病力,可以防治动物消化系统疾病,起到保健作用。

此外,活性酵母及其代谢产物中含有丰富的蛋白质、各种氨基酸、B 族维生素、寡聚糖及生长因子,可以增加饲料营养。

(一)酵母菌在反刍动物生产中的应用

酵母能够改善宿主肉和奶的品质,改善脂肪酸的组成,例如增加了产品中有益健康的成分,如共轭亚油酸的含量。把亚油酸转变成对健康有促进作用的共轭亚油酸的细菌主要是丁酸弧菌属细菌,这些微生物对低 pH 值特别敏感,酵母能稳定瘤胃 pH 值,促进这些微生物的生长。在一些奶牛的试验中证实,添加饲喂活酵母后乳脂含量提高,这可能是因为活酵母对瘤胃中有氢化作用以及与乳脂合成相关的微生物有影响。

一些酵母菌株可以通过竞争性排斥作用减少病原菌的定植入侵;通过对病原菌毒素进行黏附或者降解减少病原菌对动物的影响。在小牛犊日粮中添加活酵母使梭状芽孢杆菌和沙门氏菌等病原细菌受到抑制。一些酵母菌在抵抗某些特定致病菌的影响上作用比一般的酵母菌强大,例如,布拉迪酵母菌(*Saccharomyces Cerevisiae boulardii*)能分泌胞外蛋白酶来降解艰难梭菌(*Clostridium difficile*)产生的毒素,对梭菌病有特别的效果。

(二)酵母菌在单胃动物养殖中的应用

酵母菌在养猪生产中的应用主要体现在对断奶仔猪的影响上。仔猪在断奶初期,由于饮食的改变,消化道内微生物菌群失调,使病原菌更容易接触胃肠道黏膜并大量繁殖,致使仔猪腹泻和生长不良。酵母对猪的应用研究表明:在日粮中添加活酵母或含活酵母的酵母培养物,可提高猪的采食量、日增重量和肉料比,并能增强仔猪免疫力,降低腹泻率,改善乳组成等。

酵母益生菌在肉鸡饲养过程中也有广泛应用,在肉鸡饲料中适量添加酵母菌,可增强肉鸡的免疫力和抗病力,能有效控制肉鸡消化系统疾病的发生,如红黄白痢、球虫、大肠杆菌病等;还可以有效抑制和消除氨气、硫化氢等有害气体,预防肉鸡呼吸系统疾病,减少肉鸡用药,节省养殖场用药开支。此外,酵母益生菌可促进饲料的吸收和利用,加快鸡的生长。

酵母菌在单胃动物中的作用机制主要有四个方面:①酵母菌刺激刷状缘二糖酶活性;②酵母菌能够抵抗病原菌黏附;③酵母菌对肠道黏膜的免疫激活作用;④抑制毒素。

四、酵母菌在其他方面的应用

（一）酵母菌在人类生活中的应用

酵母菌细胞内含有丰富的营养物质,氨基酸组成比较完全,除蛋氨酸外,苏氨酸、赖氨酸、组氨酸、苯丙氨酸等含量均高于动物蛋白,在食品工业中可做成高级营养品,也可制成饲养动物的高级饲料。有的酵母可用于石油脱蜡,降低石油凝固点,还可以石油为原料,发酵制取柠檬酸、反丁烯二酸、脂肪酸等。

作为人益生菌使用的酵母菌并不多,其中最主要的是布拉氏酵母,多用于辅助治疗消化系统的疾病,具有调节肠道微生态平衡和营养、抗炎和调节免疫等作用,在小儿急性腹泻、抗生素相关性腹泻、难辨梭状芽孢杆菌肠炎、旅行者腹泻、炎症性肠病等方面有着广泛应用。

布拉氏酵母菌可显著提高小肠黏膜上皮中代谢酶的活性,刺激小肠绒毛膜分泌二糖酶,参与糖类的代谢吸收。布拉氏酵母菌能释放特殊蛋白酶,在肠道发挥抗炎作用,此外布拉氏酵母菌可以增加肠道内益生菌数量,促进肠道菌群稳定,减小因菌群失调造成的胃肠功能紊乱的可能性。在肠道中,布拉酵母可与肠黏膜上皮细胞紧密结合,提高内源性防御屏障,阻止致病菌的定植和入侵;与病原菌竞争性地黏附于上皮细胞,促进肠道黏膜保护层的形成,加强有益菌的固定。作为真菌,酵母的生物学特性与细菌完全不同。受抗生素服用、胃酸、胆汁等胃肠道环境影响,常规微生态制剂的应用受到限制,而布拉酵母能克服此环境,应用后菌体不易失活,也不会在肠道内永久定植,使用安全。

酵母对pH值变化耐受性良好,在pH值为7.0～8.0时生长良好,在pH值为1.5、温度为37℃条件下也能达到较好的活性。微生态制剂的安全性问题有两方面:一是肠道中微生物的移植使其他器官产生病变;二是益生菌与其他肠道细菌间抗生素耐药质粒的传递。已有案例报道布拉氏酵母菌引起的真菌血症,但作为真菌,布拉氏酵母菌与细菌之间不存在耐药质粒传递的问题。

(二)酵母菌在食品工业中的应用

酵母菌与我们的生活关系密切,许多营养丰富、味美的食品和饮料的生产和制造都离不开酵母,在食品工业中酵母占据的地位极其重要。

酵母作为一种无害的松软剂应用于面包和馒头的生产中,在发酵时,原料中的葡萄糖、果糖、麦芽糖等糖类及淀粉被酵母利用,产生CO_2,在面团中形成小气泡,使面团体积膨大,结构疏松,改善面包的外观与口感,酵母菌细胞内外的酶可将面团中结构复杂的高分子物质分解成易为人体直接吸收的营养物。

酒的酿造历史悠久,均在不同酿造工艺条件下采用酵母菌利用不同原料进行生产,酒类产品繁多,如黄酒、白酒、啤酒、果酒等。啤酒作为世界上产量最大的酒种,是以优质大麦芽为主要原料,大米、酒花等为辅料,经过制麦、糖化、发酵等工序酿制而成的一种含有CO_2、低浓度酒精和多种营养成分的饮料酒。

(三)酵母菌在环境保护方面的应用

酵母菌具有良好的耐渗透压、耐酸和代谢效率高等特点,在废水处理中是一种重要的菌种资源。在酵母菌处理高浓度有机废水过程中,污染物的去除和细胞蛋白的生产紧密相连。研究表明,用热带假丝酵母处理啤酒洗槽废水生产细胞蛋白时,COD的降低与三羧酸循环发生的程度具有一定的联系,而细胞蛋白的生产只与糖酵解有关。可以通过控制工艺条件以实现有机废水处理的最终目的,即以COD为指标,还是以细胞蛋白的生产为指标。同样工艺条件下,酵母菌处理废水所增加的细胞数量比活性污泥法工艺多出约1倍。

酵母菌能去除的污染物范围很广,如高浓度含油废水、食品工业有机废水、含重金属废水等都可用酵母菌对其水质进行改善。与活性污泥法工艺相同,酵母菌主要通过生物吸附、氧化等作用降解和去除污染物。在生物吸附过程中,首先重金属离子通过静电作用吸附到酵母菌的表面,然后与酵母菌表面的基团发生螯合作用。在酵母菌处理含色拉油废水过程中,酵母菌先将油分子存储在细胞内,然后再逐渐氧化分解,利用释放的能量合成新的细胞物质。

在单一菌种的酵母作用环境中,微生物菌群间的相互协同作用很微弱,对低分子有机物和易生物降解的基质酵母菌具有很好的处理效果,对高分子有机物和难生物降解基质,酵母菌的处理效果则较差。所以在利用酵母菌处理有机污染物之前,应尽量将一些高分子物质和难降解基质进行水解预处理,以增强其可生化性。单一酵母菌细胞内的酶系可能无法满足处理难降解有机物时所必需的复杂的矿化作用,使得酵母菌对难降解有机污染物的处理能力较弱。

第五节　其他微生态制剂菌类

一、有益霉菌

霉菌是可使有机物质发生霉变的丝状真菌的统称。在培养基上霉菌菌落形态呈绒毛状、蜘蛛网状或絮状。霉菌分布广泛,与人们的日常生活关系极为密切,如传统酿酒、制酱和制作副食品及其他发酵食品都用到霉菌,而且可以从霉菌中提取药物、色素等。人类的生活离不开霉菌,其在农业、纺织、食品、医药、皮革等方面都有重要应用,也可以促进自然界的物质循环。当然也有其不利的一面,如可感染粮食、食品、纺织品,使之产生霉变,也能感染动植物,使人、畜、农作物患病。

（一）青霉菌

青霉菌是一种多细胞真菌,营养菌丝体无色、淡色或具鲜明颜色。菌丝有横隔,分生孢子梗亦有横隔,光滑或粗糙。基部无足细胞,顶端不形成膨大的顶囊,其分生孢子梗经过多次分枝,产生几轮对称或不对称的小梗,形如扫帚,称为帚状体。分生孢子呈球形、椭圆形或短柱形,光滑或粗糙,大部分生长时呈蓝绿色。有少数种产生闭囊壳,内部形成子囊和子囊孢子,亦有少数菌种产生菌核。

青霉菌可产生青霉素,青霉素是一种重要的抗生素,具有高效、低毒、临床应用广泛等特点。青霉素的发现、生产和应用极大增强了人类对细菌性感染的抵抗力,开创了用抗生素治疗疾病的新纪元。但青霉素对耐药菌株杀菌效果差,耐药菌可产生破坏青霉素的酶。青霉素主要对革兰氏阳性菌引起的感染有较好的防治效果,抗菌谱较窄。通过数十年的研发与完善,目前可生产出青霉素的多种剂型,可治疗肺炎、肺结核、脑膜炎、心内膜炎、白喉、炭疽等疾病。

(二)红曲霉

红曲霉(*Monascus*)的用途多、使用历史悠久,我国自元代以来就有利用红曲保存食物的传统。

红曲霉具有抗菌作用,紫色红曲霉菌(*Monascus purpureus*)产生的抗菌活性物质对细菌、酵母有抗菌性,能抑制蜡状芽孢杆菌、霉状杆菌、金黄色葡萄球菌、荧光假单胞杆菌、绿脓杆菌、大肠杆菌、变形杆菌,能强烈地抑制黑曲霉素形成分生孢子。

由红曲霉菌发酵产生的红曲是一味传统中药,在《本草纲目》《本草从新》等书中均有记载。红曲可活血化瘀、健脾消食,主治产后恶露不净、瘀带腹痛、赤白下痢、跌打损伤等症,还可降低血清胆固醇及预防癌症。红曲中的莫纳可林K(monacolin K)可以提高癌细胞内的依赖细胞周期蛋白激酶抑制因子(cyclin-dependent kinase inhibitors,CKIS),可抑制癌细胞生长红曲可产生 γ-氨基酸(γ-GABA),该物质具有降低血糖的作用。研究还发现红曲还可作血压升高剂,对血压有双重控制作用。此外,红曲霉还可以产生如黄酮酚等天然抗氧化剂,可保护肝脏,也可用来生产防癌、抗癌的药物。

红曲霉在食品行业中应用极为广泛,可用来生产红曲米和红曲色素,可添加于肉制品、鱼制品、豆制品,赋予产品美观的色泽,还可增强食品风味,延长保存期,改善营养特性。天然添加剂的红曲色素在特别看重"纯天然"食品的欧洲早已引起广泛的关注。

(三)木霉菌

木霉菌是一类具有广谱性、拮抗性生物防治菌,可用于土传植物病害的生物防治。例如将木霉菌剂施入温室大棚土壤中,能在植株根周围长出菌丝,可抑制枯萎病的发生、减少病害。而且该木霉菌剂比化学药剂药效持久、稳定,使用安全,是一种很好的生物农药。木霉菌分泌纤维素酶,可直接将纤维素分解为低分子化合物被动物利用。此外,纤维素酶可分解纤维素,使更多的植物细胞内容物分离出来,提高了这些营养物质的消化率。木霉菌还可产生半纤维素酶、淀粉酶、蛋白酶、果胶酶,这些酶的共同作用可提高动物对碳水化合物、蛋白质和矿物质的消化吸收率,改善营养状况。

二、蕈菌

蕈菌是肉眼可见的大型菌物的统称,属于真菌的一个类群,但它不是一个分类学上的概念。按功能可将蕈菌分为食用蕈菌和药用蕈菌。有的蕈菌有毒性,有的还未研究透彻。可食用的蕈菌约有2 000种,但目前栽培成功的大约只有80种,其中约40种有经济价值。在20多种具有商业价值的蕈菌中只有4~5种在很多国家可以进行工业规模生产。

(一)食用蕈菌

食用蕈菌又称食用菌、主要包括担子菌纲和子囊菌纲中的一些种类。我国古代就把生于木上的菇称为菌,长于地上的称为蕈。我们平时所说的食用菌是指狭义概念上的食用菌,主要包括平菇、香菇、银耳、木耳、猴头、灵芝、草菇、鸡腿菇、灰树花、杏鲍菇、白灵菇、姬松茸、牛肝菌、双孢蘑菇、竹荪、羊肚菌、金针菇、茯苓、冬虫夏草、滑菇等。食用菌中含有丰富的营养物质。例如,松露是世界的顶尖美食,由于其生长条件苛刻,采挖困难,是迄今为止唯一不能实现人工种植的菌种,每年全球产量仅为虫草的1/4,故价格相当昂贵,每斤上万元,堪比黄金,被称为餐桌上的"黑色钻石"。松露具有极高的营养功效和食用价值。试验证明,其含有大量的蛋白质、17种氨基酸、各种维生素和矿物质以及多糖、三萜、鞘脂类、α雄烷醇等活性成分,有极高的营养价值;还可以起到抗衰老、提高免疫力、抗疲劳、美容保湿、保护心脑血管、抗肿瘤、调节男女内分泌的作用,特别在提高免疫力、抗疲劳和调节内分泌方面的作用更胜于虫草;同时还发现,坚持食用松露,能明显延长寿命。其实松露在欧洲已有两千多年的食用历史,由于历史和文化原因,今天中国人对松露的认识和了解就像欧洲人对冬虫夏草一样,尚处于萌芽阶段。其实松露和虫草都是昂贵的天然滋养品的代表,素有"东方食虫草、西方吃松露"的说法。

食用菌子实体中的蛋白质含量很高,占干重的30%～40%,介于肉类和蔬菜之间,而且含有8种人体必需氨基酸。食用菌脂肪含量较低,仅为干重的0.6%～3%,是很好的高蛋白、低脂食物。在其很低的脂肪含量中,不饱和脂肪酸所占比例高达80%以上,其中的油酸、亚油酸、亚麻酸等可有效地清除人体血液中的垃圾、延缓衰老,还有降血脂,预防高血压、动脉粥样硬化和脑血栓等心脑血管系统疾病的作用。食用菌还含有丰富的维生素,含量是蔬菜的2～8倍,如维生素B_1、B_2、B_{12},维生素D、维生素C等。同时,食用菌含有丰富的矿物质元素,是人体所需矿物质的良好来源。

我国将食用菌作为药物已有两千多年历史,是利用食用菌治病最早的国家。在汉代的《神农本草经》及明代李时珍的《本草纲目》中就有记载。食用菌对调节人体机能、提高免疫力、降低血压和胆固醇、抗病毒、抗肿瘤以及延缓衰老等有显著功效。如灵芝含有硒(Se)元素,能提高人体免疫机能及延缓细胞衰老;猴头可治疗消化系统疾病;马勃鲜嫩时可食,老熟后可止血和治疗胃出血;茯苓有养身、利尿之功效;木耳具有润肺、清肺的作用,是纺织工人和理发师的保健食品;冬虫夏草有良好的营养滋补和免疫排毒功效,可以抑菌防癌、抗病毒,是延年益寿的食疗、药膳佳品;双孢蘑菇中的酪氨酸酶可降低血压,核苷酸可治疗肝炎,核酸有抗病毒的作用;香菇中的维生素D能增强人的体质和防治感冒,还可防治肝硬化等。

(二)药用蕈菌

中医中很多食用菌也可拿来用药,如灵芝、虫草、茯苓、木耳等。药用真菌是指对人体有保健,对疾病有预防、抑制或治疗作用的真菌,能产生氨基酸、维生素、多糖、甙类、生物碱、甾醇类、黄酮类及抗生素等多种具药效物质。早在古代中国就有大量蕈菌入药的记载,东汉时的《神农本草经》就收录了雷丸、茯苓、木耳和猪苓等10多种真菌;清代的汪昂《本草备要》第一次记载了冬虫夏草,并明确指出可以将其作为药用保健品。目前,人们对药用真菌的药理药性、生态生理、性能、资源分布、种植生产等都有了更深的研究。

随着科学技术的发展,食用菌的药用价值日益受到重视,目前已开发出食用菌片剂、糖浆、胶囊、针剂、口服液等剂型,广泛应用于临床治疗和日常保健。目前研究发现,至少有150种大型真菌被证实具有抗肿瘤活性,成为筛选抗肿瘤药物的重要来源。目前已有多种菇类多糖作为医治癌症的辅助药物应用于临床,如香菇多糖、云芝多糖、猪苓多糖、灵芝破壁孢子粉等,可以提高人体抵抗力,减轻放疗、化疗反应。

药用真菌拥有多种活性成分,如真菌多糖、萜类化合物、生物碱、甾醇类化合物等。真菌多糖是由10个以上单糖以糖苷键结合而成的天然高分子聚合物,可激活免疫细胞、激活网络内皮系统、清除老化细胞和异物、调节及促进机体抗体和补体的形成,具有调节免疫、抗肿瘤、抗病毒、降血脂、降血糖、抗氧化、抗辐射、健胃保肝和延缓衰老等作用,是一类重要的生物活性物质,广泛应用在医药及保健品上。从真菌中分离出来的萜类化合物一般是倍半萜、二萜和三萜类,目前研究最多的是灵芝三萜,经研究,灵芝三萜有较广泛的药理活性,例如抗肿瘤、抗微生物、抗高血压、抗癌、抗疲劳、降血压、抑制血小板的脱颗粒和聚集等。从真菌中分离出来的生物碱主要有吲哚类生物碱、腺苷嘌呤类生物碱和吡咯类生物碱,可治疗心血管、偏头痛等疾病,能促进子宫肌肉收缩,减少产后流血,催产,对眼角膜疾患及甲状腺分泌功能的失调等症有一定的疗效。

第三章

微生物发酵工程

发酵工程是渗透有工程学的微生物学，是微生物工业的基础与核心。例如，利用阿氏假囊酵母（*Eremothecium ashbyii*）或棉病囊霉（*Ashbya gosypii*）发酵法生产维生素 B_2（核黄素）。微生物发酵工程是指利用微生物来生产某种产品或完成某个工业过程。例如，利用解淀粉芽孢杆菌（*Bacillus amvloliquefaciens*）发酵法生产水溶性聚合物 γ- 聚谷氨酸（poly-γ-glutamic acid）；利用活性污泥法进行生活污水或工蜥污水的净化处理等。从众多实例中就可以发现进行微生物发酵的前提条件包括两个重要方面：一是，应具有合适的生产菌种或工业过程用微生物种源；二是，应具备控制微生物生长、繁殖、代谢的工艺条件和工业过程控制的工艺条件。[①]

[①] 宋存江，方柏山，刘建忠. 发酵工程原理与技术 [M]. 北京：高等教育出版社，2014.

第一节　微生物发酵工程简述

一、发酵及发酵工程的概念

发酵工程（fermentation engineering）又称微生物工程，是以微生物学、生物化学和生物工程学为基础，又与工程技术紧密联系在一起而建立的一个新的科学与工程技术体系，它是由微生物学与工程技术有机结合、相互渗透而形成的。发酵工程是利用微生物细胞的代谢来生产各种产物的过程，其核心部分可分为三步：其一是生产特定产物的微生物菌种选育；其二是利用先进的技术和设备为菌种提供良好的生长环境，有效地提升了菌种的生产能力；其三是将发酵产物经分离、纯化，以获得较高产率的成品。[①]

微生物的发酵是在一定的环境下进行的，发酵过程中的物质变化需要通过检测参数来分析。特别是代谢过程中 pH 值的变化，它反映了菌体生长过程中物质的综合性表现。一般地，发酵过程的控制参数有温度、pH 值、溶氧、二氧化碳等。绝大部分的微生物产品生产都是通过发酵工程和生化工程（后处理工序）来完成的，这些产品在工、农、医等领域得到实际应用，产生巨大的经济效益、社会效益和生态效益。

生物化学家与工业微生物学家对发酵给出了不同的定义。生物化学家认为，发酵是指在无氧条件下，一个有机化合物能同时作为电子供体和最终电子受体并产生能量的过程。工业微生物学家认为，发酵是指所有通过大规模培养微生物来生产产品的过程。工业微生物学家拓宽了发酵的原定义，指出发酵既包括微生物的厌氧发酵，也包括好氧发酵。现代生物学家一般利用微生物在有氧或无氧条件下的生命活动来大量生产或积累微生物细胞酶类和代谢产物的过程，统称为发酵。[②]

[①] 余蓉，郭刚. 生物制药学[M]. 北京：科学出版社，2017.
[②] 黄方一，程爱芳. 发酵工程[M]. 3版. 武汉：华中师范大学出版社，2013.

二、发酵工程的内容及特点

发酵工程作为一级学科"轻工技术与工程"中的一个重要分支和重点发展的二级学科,其主要内容包括生产菌种的选育,发酵条件的优化与控制,生物反应器的设计,发酵产物的分离、提取和精制等过程。

(一)发酵工程的内容

从工程学的角度可以把发酵工程分为上游工程、中游工程和下游工程三部分。上游工程包括优良菌种的选育,最适发酵条件的确定,原料的处理、加工,培养基的配制与灭菌等。中游工程主要是指在最适发酵下,发酵罐中大量培养细胞和生产代谢产物的工艺技术,包括灭菌技术、PC计算机控制、培养技术及工艺放大等问题。下游工程主要是对目的产物进行提取与精制,主要包括固液分离技术(离心分离、过滤分离、沉淀分离等)、细胞破碎技术(超声、均质、研磨溶胞等)、蛋白纯化技术(沉淀法、色谱分离法、离子交换法等)、成品加工技术(冷冻干燥、喷雾干燥、结晶等)。

(二)发酵工程的特点

发酵工程与化学工程联系非常密切,化学工程中的许多单元操作在微生物工程中也得到广泛应用。

现代发酵工程是在传统发酵的基础上建立和发展起来的,与传统发酵相比,其特点有以下几点。

(1)强化上游基础研究,整合基因工程、细胞融合、分子育种等现代高新生物技术,这也是现代发酵工程最显著的特点。

(2)后处理工序自动化程度逐步提高,并应用现代计算机技术优化各单元,使整个过程高效化。

(3)生产规模大,所生产的产品量大质高。

(4)上、中、下游各个环节的衔接和配套更趋于合理和有效。

(5)工业化生产后,一般不造成或鲜少造成环境污染。

(三)发酵工程的研究内容和方法

发酵工程的研究内容和研究方法可以概括为"一条主线,两个重点,三个层次,四个目标"。一条主线即发酵工艺过程的主线(菌种→培养基→种子扩大培养→发酵过程控制→后处理);两个重点即发酵过程的优化与发酵过程的放大两个重点内容;三个层次即按反应器水平、细胞水平和分子水平三个不同层次进行研究;四个目标即发酵过程中追求的高转化、高产量、高效率、低成本四个目标。

三、发酵工程的类别及其特征

微生物的发酵方式很多,这里主要介绍六种基本发酵方式,即分批发酵、补料分批发酵、连续发酵、固态发酵、高密度发酵和工程菌发酵。[1]

(一)分批发酵

分批式发酵(batch fermentarion)又称"间歇式发酵"(intermittent fermentation)或"不连续式发酵"(discontinuous fermentation),也称原位发酵,是把培养液一次性装入发酵罐,灭菌后接入一定量的种子液,在最佳条件下进行发酵培养。经过一段时间完成菌体的生长和产物的合成积累后,将全部培养物取出,结束发酵培养。然后清洗发酵罐,装料、灭菌后再进行下一轮分批操作。每一个分批发酵过程都会经历发酵罐的清洗、装料、灭菌、接种、生长繁殖、菌体衰老进而结束发酵,最终放罐提取产物。分批式发酵的操作时间由两部分组成,一部分是进行发酵所需的时间,即从接种后开始发酵到发酵结束为止所需的时间;另一部分为辅助操作时间,包括装料、灭菌、卸料、清洗等所需的时间总和。

分批式发酵菌体培养过程一般可粗分为四期,即适应期(停滞期)、对数生长期、生长稳定期(静止期)和死亡期;也可细分为六期:停滞期、加速期、对数期、减速期、稳定期和死亡期。在分批式发酵的操作过程中,无培养基的加入和产物的输出,发酵体系的组成如基质浓度、产物浓度及细胞浓度都随发酵时间而变化,经历不同的生长阶段。物料一次

---

[1] 盛贻林.微生物发酵制药技术[M].北京:中国农业大学出版社,2008.

性装入,一次性卸出,发酵过程是一个非衡态过程。

（二）补料分批发酵

所谓补料分批发酵,是指在微生物发酵的过程中,以一定的方式向系统中补加一定物料的技术。通过在培养系统补加物料,就可以在较长时间内将底物浓度维持在一定的范围内,从而保证了微生物正常的生长需求,达到了高产的目的。

根据补入物料的组成成分可以将分批式发酵分为完全补料培养与半分批补料培养。所谓完全补料培养,是指加入的补料与培养基中营养成分完全相同；半分批式补料方式是指加入的成分是一种或者几种限制性营养成分。根据物料流入($F_进$)和流出($F_出$)发酵罐的速率,补料分批发酵分为多种形式,如下为$F_进$与$F_出$值及其关系确立的发酵类型。

补料函数$F=F(t)$有如下情况。

当$F_出 \neq 0$时,$F_出=F_进$连续培养,$F_出 \neq F_进$补料分批培养,其又可分为循环连续补料操作,循环间歇补料操作,循环分批操作。

当$F_出=0$时,$F_进=0$分批培养,$F_进=F_进(t)$补料分批培养,其又可分为间歇补料操作和连续补料操作,其中连续补料操作包括指数速率补料培养、恒速补料培养、变速补料培养。

当$F_进=F_出=0$时,即为分批发酵；当$F_进=F_出 \neq 0$时,即为连续发酵（恒体积操作）。分批发酵和连续发酵是两个极端,介于中间的便是补料分批发酵。另外,根据操作方式还有近似恒体积操作、增加体积操作和重复循环操作。近似恒体积操作是让补料的容量流速近似于蒸发速群,由于蒸发速率较慢,要补加高浓度溶液或直接补入液体或固体物料本身,满足微生物的生长需要。增加体积操作,即$F_出=0$,由于发酵液体积的不断增大和产物积累造成生长抑制,为保持产量只能延长发酵时间。重复循环操作是为缩短发酵时间,定期从发酵罐中排出一定量的发酵液,以便能进一步补加物料。其实,连续发酵也是重复循环补料培养的一种极限情况,即$F_进=F_出=$定值。

（三）连续发酵

连续发酵（continuous fementation）是指以某一速度向培养基系统中

添加新鲜的培养基,同时以相同的速度流出培养液,从而使培养系统内培养液的体积维持恒定,使微生物细胞处于近似恒定状态下生长的微生物发酵方式。以菌体或与菌体相平行的代谢产物为发酵产品时,常用恒浊连续培养装置进行连续发酵,该装置以维持恒定的高密度的菌体细胞为控制目标。当流入培养基的速度低于菌体生长速度时,装置内的菌体密度提高,即经光电控制系统促使培养液流出以降低其菌体密度。反之,当流入培养基的速度高于菌体生长速度时,装置内的菌体密度降低,即经光电控制系统弱化培养液流出以提高其菌体密度。饲料酵母、乙醇、乳酸等即经该装置进行连续发酵。图 3-1 为典型的实验室连续发酵系统。[①]

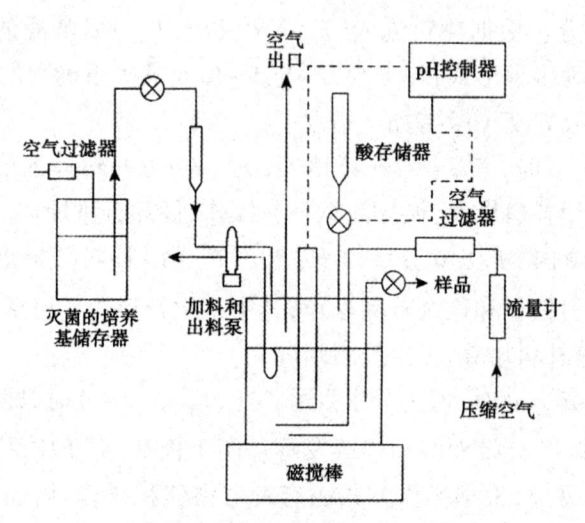

图 3-1 实验室连续培养系统

连续发酵的最大特点是微生物细胞的生长速度、产物的代谢均处于恒定状态,可达到稳定、高速培养微生物细胞或产生大量代谢产物的目的。

根据反应器的类别将连续发酵分为罐式连续发酵和管式连续发酵。罐式连续发酵可以是单罐,也可以是多罐串联进行操作;而管式反应器无法单独使用,必须与其他形式的反应器联合使用。

连续发酵的技术优势是简化了菌种的扩大培养,不需要发酵罐的多次灭菌、清洗、出料等操作,缩短了发酵周期,提高了设备利用率,降低了人力、物力的消耗,增加了生产效率,使产品更具商业竞争力。其不足

---

① 李明春,刁虎欣. 微生物学原理与应用 [M]. 北京:科学出版社,2018.

之处是菌体较长时间连续增殖生长易产生突变细胞。图3-2为单罐和多罐串联连续发酵示意图。

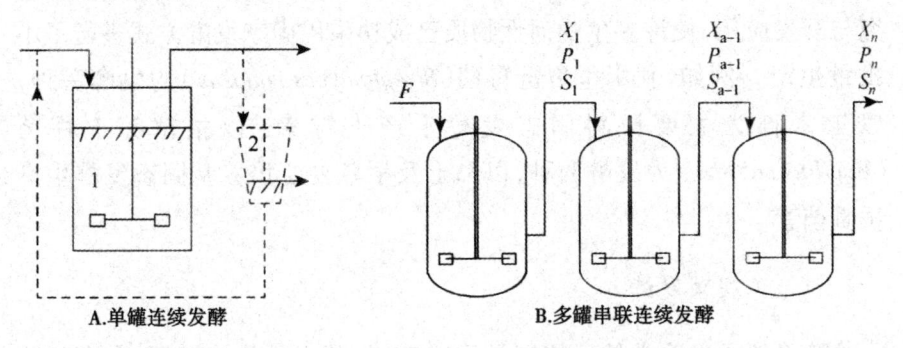

A.单罐连续发酵　　　　B.多罐串联连续发酵

1—发酵罐；2—分离器；F—流加量；X—细胞浓度；P—产物浓度；S—底物浓度。

图3-2　单罐和多罐串联连续发酵示意图

表3-1通过面包酵母连续发酵生产与分批发酵生产比较,可看出连续发酵比分批发酵生产=效率有所提高,成本降低。另一个例子,如丙酮丁醇梭状芽孢杆菌(*Clostridium acetobutylicum*)采用二级罐连续发酵生产丙酮、丁醇,运转期可持续一年,效益明显优于分批发酵。

表3-1　连续发酵与分批发酵生产面包酵母

面包酵母的生产	分批发酵	连续发酵
168 h 最大产量 /t	225	300
平均每小时生产酵母 /t	1.5	2.5
每吨酵母耗电 /(kW·h)	500	435

（四）固态发酵

所谓固态发酵(solid state fermentation),是指微生物在几乎没有游离水的固态的、较湿的固态培养基上进行发酵的过程。根据成分的不同,固态的湿培养基的含水量一般控制在40%～80%,无游离水流出。在我国民间的堆肥、青饲料发酵与酿酒制曲都是典型的固态发酵。固态发酵有着节能、环保的优势,因此受到很多企业的认可。例如,以产朊假丝酵母(*Candida utilis*)、面包酵母(*Saccharomyces cerevisiae*)和啤酒酵母(*Saccharomvces carlsbergensis*)为复合发酵菌种,以麸皮、大豆饼和少量脱毒棉籽饼为原料,经固态发酵法生产饲料蛋白添加剂得到快速发展。

现代固态发酵在发酵工程的作用和地位正逐步提升,特别是有些发酵产品采用现代固态发酵比液态发酵效果更好。新型固态反应器的研究与开发应用,使许多生物活性物质已成功采用固态发酵方式进行了小批量生产。例如,利用龟裂链霉菌(*Streptomyces rimosus*)为发酵菌种,以玉米穗为主要原料固态发酵生产土霉素;以枯草芽孢杆菌(*Bacillus subtilis*)为发酵菌种,以黏土及稻草复合培养基固态发酵生产抗真菌素。

(五)工程菌发酵

随着分子生物学技术特别是重组 DNA 技术的快速发展,众多的基因工程产品相继问世。基因工程菌发酵生产的产品越来越多,如用于治疗风湿的促肾上腺皮质激素(adrenocorticotrophic hormone)、治疗血液病的集落刺激因子(colony stimulating factor)、治疗糖尿病的胰岛素(insulin)以及抗肿瘤巨噬细胞激活因子(macrophage activating factor)等。

(1)适于发酵生产的工程菌应具备的条件。

用于发酵生产的基因工程菌应该具备下列条件:①其产物可分泌、非致病性、不产生内毒素、外源基因整合在受体菌 DNA 上;②能利用糖蜜、淀粉等常规的碳源,并可进行连续培养;③发酵温度适当;④代谢过程易于控制。

(2)工程菌的培养。

①基因工程菌的发酵设备。基因工程菌常用的发酵设备主要是机械搅拌发酵罐和气升式发酵罐。基因工程菌因大量合成异源蛋白,可直接或间接地干扰工程菌细胞壁的正常合成,使其细胞壁变软。因此,工程菌对外界的剪切力更敏感,大剪切力容易使工程菌细胞破碎。所以,用没有机械搅拌装置、剪切力较小的气升式发酵罐比机械搅拌发酵罐更利于基因工程菌发酵培养。

②基因工程菌的高密度发酵及控制。高密度发酵工艺已成为基因工程菌发酵生产的主要工艺。该工艺与非高密度发酵相比,其发酵周期不仅缩短一半以上,且菌体产量和产物表达量是普通发酵的 10～50 倍,蛋白活性可提高 2～3 倍。

在基因工程菌的高密度发酵中,要尽量选择容易被工程菌利用的营养物质作为培养基成分。例如,普通发酵培养基一般是以葡萄糖为碳源,而工程菌则常以甘油作为碳源。用甘油作碳源可提高工程菌的繁殖速度,同时还要对培养基的成分进行优化、组合,并借助于选择压力,以淘汰非目的基因工程菌。

基因工程菌发酵培养多采用补料分批发酵。在高密度培养工程菌生产谷胱甘肽(GSH)时,用指数流加补料方式可显著提高细胞产率、细胞干重和GSH产量。

四、微生物发酵产业的趋势

微生物发酵经历了数千年的发展,具有悠久的历史。曾在人们生活和国民经济中发挥了重要的作用。随着基因工程、细胞工程、代谢工程等现代生物技术的发展,赋予微生物发酵工业新的内容,是微生物发酵工业发展的强大推动力,形成了现代微生物发酵工业,也是当前微生物发酵工业主要的发展趋势。[①]

1. 基因工程技术

基因工程技术是采用人工方法将来源于不同生物体的基因进行分离、剪切、连接和转化,使基因重新组合,产生出人类所需的新的产物,或创建新的生物类型。目前,基因工程在微生物发酵工业中的应用包括两个方面:一是改造传统的微生物工业的菌种,研究人类所需产物的基因结构、基因调控和表达方式,对生产微生物进行基因重组,使产物高效表达,增加产物的产率,提高原有微生物工业的生产水平;二是构建转基因菌株,生产转基因产品,尤其是动、植物细胞产品。虽然通过动、植物细胞培养可得到各种动植物细胞产品,但动、植物细胞培养存在培养基成分复杂、培养基成本高,对环境条件敏感、生长速率慢,培养过程中极易污染等缺点。而微生物细胞具有结构简单、体积小、表面积大、繁殖迅速、容易培养等特点,使之成为良好的转基因受体细胞。已有的研究证明,将动、植物细胞的基因转入微生物细胞(细菌、酵母菌),通过微

---

① 肖冬光. 微生物工程原理[M]. 北京:中国轻工业出版社,2004.

生物发酵的方法生产,要比动植物细胞的培养方便得多。

2. 微生物资源的开发利用

自然界中微生物的资源丰富,而目前已发现的微生物种类不到自然界存在微生物的 2%。

微生物制药是微生物发酵工业应用最广、成绩最显著、发展最迅速、潜力最大的领域。目前由微生物生产的各种药物已超过 1 000 种,为人类的保健事业作出了不可磨灭的贡献。但仍然有大量的"不治之症",如心血管、癌症、艾滋病等许多常见多发病仍无良药可治。利用微生物发酵工业从各方面改进医药的生产,研究开发新的医药产品,以进一步改善医疗手段和提高人类的医疗水平,仍将是微生物发酵工业的热点。

环境生物工程在防治各种污染中将起重要作用,如超级细菌的运用。化学农药对土壤的污染、河流、湖泊水域的污染防治、酸雨危害以及城市垃圾处理等,也都是亟待解决的难题。

随着化石能源的逐年减少,再生能源研制与开发已备受关注。氢气是无污染的清洁能源,燃烧后不产生二氧化碳、硫化物、氮氧化物等有害物质,国外的氢燃料电池汽车已研制成功。产氢的微生物甚多,值得重视的是光合细菌,该菌可利用工业废气产氢。产氢微生物的开发和应用具有战略性的意义。酒精也是可再生的能源。在汽油中掺入一定比例的酒精可提高汽油的辛烷值,减少尾气中一氧化碳、一氧化氮等污染物的排放量。酒精燃烧所产生的二氧化碳和作为原料的生物量生长所消耗的二氧化碳的数量基本一致,不会额外增加大气中二氧化碳含量,对控制大气污染具有重要意义,因此,燃料酒精被称作"清洁燃料"。自 20 世纪 70 年代以来,世界上很多国家通过立法积极推广燃料酒精的应用,其中美国的"汽油醇计划"和巴西的"酒精汽油计划"使世界酒精产量迅速增长。在我国,发酵酒精的生产成本大大高于汽油价格,成为制约燃料酒精发展的主要障碍。进行酒精发酵的研究,降低发酵酒精生产成本,是发展燃料酒精的关键所在。

第二节 菌种技术

微生物发酵过程即微生物的反应过程,是指由生长繁殖的微生物所引起的生物化学反应过程。它不仅包括传统概念中发酵产品生产的全部内容,也包括固定化的微生物的反应过程、生物淋滤过程、生物废水处理过程等。所有的微生物都能进行微生物发酵生产某种产品吗?答案是否定的。事实上,微生物必须满足一定的条件,才能作为发酵菌种。

现代发酵工程所利用的生物,除传统的微生物外,还包含两类生物形态:一是通过生物工程,特别是基因工程构建的微生物菌种,简称"工程菌",利用它们生产的产品中不乏尚未发现的新型生物产品;二是利用某些源于动物、植物细胞或"工程细胞"来生产的原来很难获得的有用产物。因此,随着研究的深化,现代发酵的实质含义应该是培养不同生命体获取所需要的有用产品的过程。将发酵技术、细胞培养技术与工程技术有机结合起来,大量生产有价值产品,以服务于工业、农业、医药卫生、能源、环保以及人类日常生活之所需,正是微生物工程的现代目标。

一、工业化菌种的要求

虽然人们已从自然界中分离了大量微生物,但只有少部分分离纯化的微生物能作为用于工业生产的菌种。发酵工业应用微生物的趋势由发酵菌转向氧化菌、从野生菌株转向变异菌株、由自然选育到代谢控制育种、从诱发基因突变转向基因重组。工业菌种的种类繁多,在选择工业生产菌种(industrial microbial strain)时一般遵从以下原则。

第一,菌种在简单的条件下就能够大量、快速地繁殖,即能够在普通的条件下迅速生长,并生成大量的代谢产物,如在浓度、pH、温度等适宜的条件下能迅速生长和繁殖,且所需酶活性较高。

第二,菌种的生长与反应迅速,发酵周期较短;菌种的合成产物应尽可能地简单,也就是说菌种容易改造。

第三,遗传性能比较稳定,且能够根据代谢控制的要求,需要单产较高的营养缺陷型突变菌株或者解除代谢调控菌种。这样就可以满足工业发酵的高产、稳产,而且为菌种的进一步改良、产品质和量的增加、成本的下降、应用基因工程技术创造了很好的条件。

第四,菌种不易感染他种微生物或噬菌体。防止菌种之外的杂菌大量繁殖,和菌种争夺营养成分和影响发酵产物的质量和产量。

第五,菌种及其产物对人、动植物不会造成危害,且在以后的发展过程中,还需注意潜在的、长期的危害,因此需要充分地考虑。

第六,菌种发酵的副产品要尽可能少。这样不但可以提高营养物质的有效转化率,还会减少分离纯化的难度,降低成本,提高产品的质量。

第七,菌种能够在容易控制的条件下快速地成长和发酵,且发酵过程中产生极少的泡沫,这对于提高装料系数、提高单罐产量、降低成本有着非常重要的意义。

二、发酵工业菌种的分离筛选

发酵工业菌种最初都来源于自然界。在实际生产和研究工作中,工业菌种的来源主要有三种途径:一是向菌种保藏机构索取或购买;二是从自然界分离筛选;三是从生产过程发酵水平高的批号中重新进行分离筛选。菌株分离(separation)就是将混杂着各种微生物的样品按照实际需要和菌株的特性采取迅速、准确、有效的方法对它们进行分离、筛选,进而得到所需菌株的过程。菌株分离、筛选虽为两个环节,但不可分开。

典型的发酵工业微生物菌株筛选过程如下:采样→富集培养→纯种分离→初筛→复筛→发酵性能测定→保藏。

(一)诱变育种

诱变育种是采用物理、化学和生物的方法提高基因的随机突变频率,通过一定的筛选方法获得所需要的高产优质菌株的育种手段。诱变育种是最常用的菌种改良手段,其理论基础是基因突变。该法简便、快捷,且短期收效显著,是目前使用的主要育种方法之一。

常用的诱变剂有 X 射线、γ 射线(如 Co 元素)、UV(紫外线)等物理诱变剂以及 NTG(亚硝基胍)、EMS(甲基磺酸乙酯)、氮芥(二氯二乙硫醚)等化学诱变剂。其中,紫外线是一种使用方便、诱变效果很好的诱变剂,其操作方法如下:在诱变处理前,先开紫外灯预热 20 min,使光波稳定,然后将 3～5 mL 细胞悬液移入培养皿中,置于诱变箱内的电磁搅拌器上,照射 3～5 min 进行表面杀菌;打开培养皿盖,开启电磁搅拌器,边照射边搅拌;处理一定时间后,在红光灯下吸取一定量菌液经稀释后,取 0.2 mL 涂平板,或经暗培养一段时间后再涂平板。其他化学诱变剂的处理方式与之大致相同,但在浓度、时间、缓冲液等方面随诱变剂不同而有所不同,可参阅有关的实验手册和资料操作。

(二)基因工程育种

20 世纪 70 年代,随着分子生物学、分子遗传学和核酸化学等基础理论的研究与发展,产生了一种新的育种技术——基因工程(又称遗传工程)。基因工程是按照人们的设计意图,利用分子生物学的理论和技术,通过改造基因或基因组而改变生物的遗传特性的技术体系,如用重组 DNA 技术将外源基因转入大肠杆菌中表达,使大肠杆菌能够生产人所需要的产品。

基因工程菌构建的主要步骤为:DNA 的制备(包括细菌培养物的生长、细菌的收获和裂解、质粒 DNA 纯化)→目的基因的分离→DNA 的重组→重组体 DNA 的转化→重组质粒的细菌菌落的鉴定→目的基因的表达(包括 DNA 的复制,RNA 的转录和蛋白质的翻译)。

三、发酵工业菌种的鉴定与保藏

发酵工业用菌种几乎都是由低产的野生种经过人工诱变、杂交或基因工程育种手段获得的。优良的菌种来之不易,因此,菌种保藏便成为发酵工业一项重要的基础工作。人们在科研和生产中总是设法减少菌种的衰退和死亡,其首要任务是使菌种不死亡,同时还要尽可能保证菌种经过较长时间后仍然保持着生活能力，不被杂菌污染，形态特征和生理性状应尽可能不发生变异，传代性能稳定，以便今后长期使用。

(一)菌种的鉴定

菌种保藏前的鉴定工作是发酵工业经常要做的基础性工作。不论鉴定对象属于哪一类，其步骤一般都分为三步：一是获得该微生物的纯种；二是测定一系列必要的鉴定指标；三是查找权威的鉴定手册。

通常将微生物的鉴定分为四个不同水平：细胞的形态和习性水平、细胞组分水平、蛋白质水平、基因组水平。按其分类的方法可分为经典分类鉴定方法（主要以细胞的形态和习性为鉴定指标）和现代分类鉴定方法（化学分类、遗传学分类和数值分类鉴定法）。

(二)菌种常规保藏方法

菌种保藏（preservation）是指在广泛收集实验室和生产菌种、菌株的基础上，将它们妥善保藏，使之达到不死、不衰、不污染，以便于研究、交换和使用的目的。而狭义的菌种保藏的目的是防止菌种退化，保持菌种的生活能力和优良的生产能力，尽量减少、推迟负变异，防止死亡，并确保不染杂菌。

菌种的保藏方法很多，原理大同小异。首先，要使用典型菌种的优良纯种，最好使用其休眠体（如芽孢、分生孢子等）；其次，要创造一个适宜其长期休眠的环境条件（如低温、干燥、缺氧、营养贫乏、避光以及添加保护剂或酸碱调节剂等）。一种良好有效的保藏方法应能长期保持原菌的优良性状不变，还应考虑到方法的通用性和操作的简便性。下面介绍几种常用的菌种保藏方法。

(1)斜面低温保藏法。斜面低温保藏法主要是通过较低的温度，减缓微生物菌种的代谢繁殖速率，降低突变概率。如在保存时，采用胶塞封口，还可以利用斜面使保存时间更长。

(2)液体石蜡油封保藏法。液体石蜡油封保藏法除了提供低温条件之外，还创造了缺氧、防止培养基中水分蒸发的环境，与斜面低温保藏法相比，保藏期大有提高。该法是当菌种在斜面上长好以后，将灭过菌并已将水分蒸发掉的液体石蜡倒入斜面，油层高于斜面顶端1cm为宜，盖好棉塞或胶塞，外面用薄膜密封后直立于4℃冰箱内保藏。使用时,开封后倒去液体石蜡,用无菌水洗涤斜面菌种 1～2 次即可。此法也比较简单,保藏时间可长达 1 年以上,且此法适于保存部分酵母菌、霉菌、放线菌和好氧性细菌,保藏厌氧菌及可以分解利用烃类的菌种时不宜使用。

（3）载体吸附保藏法。载体吸附保藏法的原理是使微生物吸附在适当的载体上,进行干燥保藏。通常使用的载体有沙土、麸皮、谷粒或麦粒、硅胶、滤纸等,这些载体对微生物起着一定的保护作用。

沙土保藏法所用沙土的制备方法是:将沙和土洗净、烘干、过筛,按 2∶1 混匀,分装入小试管中约 1 cm 高度,121℃温度下间歇灭菌 3 次,然后将斜面孢子制成孢子悬液接入沙土管中或将斜面孢子刮下与沙土混合,置于干燥器中,抽真空、封口,置于 4℃冰箱中保藏。

此法适用于耐干燥的菌种,如产孢子的丝状真菌、放线菌或产芽孢的细菌,保藏期因菌种不同而异,从几年至几十年不等。

（4）真空冷冻干燥保藏法。此法是用灭菌脱脂牛奶或灭菌血清作保护剂,用它洗下在斜面上长好的菌体,制成菌悬液,装入安瓿管中约 0.1 mL,在 -30℃ 以下快速冻结成固体,并抽真空使水分升华至干燥为止,最后将安瓿管熔封,放于 4℃冰箱中保藏。除不产孢子的丝状真菌外,对其他各类微生物均可采用此法保藏,保藏期一般可达 10 年以上,且存活率高,变异率低。此外,该法对于菌种的存放、邮寄、使用等均很方便,已被大多数专业的菌种保藏机构所采用,但该法需要一些专用设备,操作过程相对较复杂。

第三节 发酵技术

所谓微生物的发酵,是指利用微生物来获得产物的需氧或厌氧的过程。工业上需要的产物形态多样,主要有初级代谢产物、次级代谢产物、代谢产物以及微生物菌体。微生物发酵与一般的化学工业相比较有着显著的区别,微生物发酵更有其特殊性。首先,微生物发酵是借助于有活性的微生物个体进行的;其次微生物的发酵需要一定的培养条件,如适宜的温度、合适的含氧量、适宜的酸碱度以及适宜的培养设备。其目的是要实现目标产物的生产。这一过程既有代谢的自动调控、辅酶的再生、生物质能的转化等机制,还有微生物细胞的生长过程以及产物的形成过程中物质的量的变化,反应一直进行到基质耗尽为止。

一、微生物发酵设备(生物反应器)

体外生物反应器可分为微生物反应器、动物细胞反应器和植物细胞反应器等类型。通常,人们把微生物反应器,通称为发酵罐。[①]

(一)常见反应器的基本结构

如果根据操作的连续性,工业上所使用的反应器可分为间歇式反应器和连续式反应器。根据几何形状划分,则工业反应器又可分为釜式反应器、管式反应器、塔式反应器、固定床式反应器和流化床式反应器。如果反应器上安装有搅拌器则称为机械搅拌式反应器。[②]

1. 机械搅拌釜式反应器

如图 3-3 所示是典型的机械搅拌釜式反应器。机械搅拌釜式反应器由内胆、夹套、搅拌器、传动装置、电动机、封头等部件组成。为了增强搅拌效果,在内胆的内壁上纵向设计了若干块挡板。内胆之外是通载热介质的夹套。搅拌器的形状各异,根据反应要求可更换。在上封头设计有人孔、进料口、排气口、取样口、温度测定口、压力表、观察窗等,有时又把温度计测量管和观察窗设计在筒体的壁上。操作时,首先给夹套通入加热介质,控制内胆保持反应需要的温度,将各种原料液从不同的进料口放入内胆,开动搅拌器,促使液体混合均匀和反应正常进行。当反应完毕,从反应釜底部放出液体至贮罐贮存。

---

① 赵远,梁玉婷.石油化工环境生物技术[M].北京:中国石化出版社,2013.
② 罗合春,李永峰.生物制药工程原理与设备[M].北京:化学工业出版社,2007.

第三章 微生物发酵工程

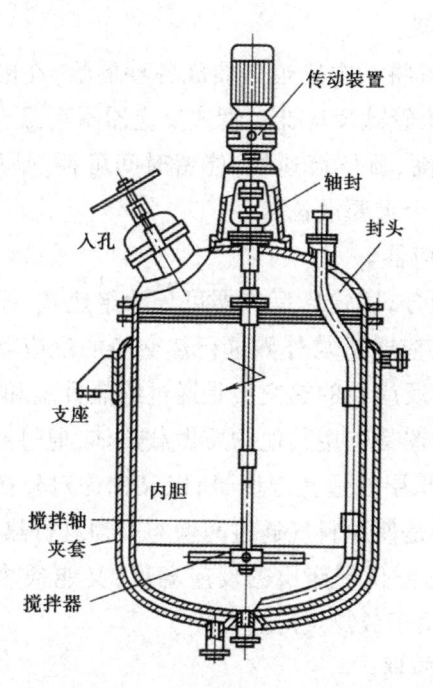

图 3-3 机械搅拌釜式反应器

机械搅拌釜式反应器属于压力容器,在反应时,内胆里的压力可能会升高。在操作时一定要将内胆里的压力控制在额定压力之下,否则,易发生危险事故。

2. 其他反应器

机械搅拌釜式反应器应用非常广泛,除此之外,还有管式、塔式、固定床和流化床等类型的反应器,如图 3-4 所示。

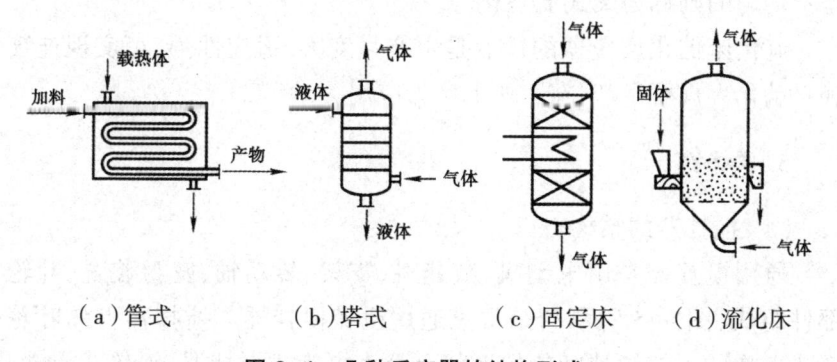

（a）管式　　（b）塔式　　（c）固定床　　（d）流化床

图 3-4 几种反应器的结构形式

117

(1)管式反应器。

结构比较简单,将一根管道弯曲成各种形状,在内部装填各种性能的填料,即构成一个管式反应器。管式反应器耐高温、高压,传热面积可大可小,传热系数高,流体流速快,停留时间可控,是反应工程大型化、连续化发展中的一个重要设备。

(2)固定床反应器。

按传热方式划分,固定床反应器可分为绝热式、换热式和自热式三种类型。在催化反应时不与外界进行热交换的反应器称为绝热式反应器。绝热式固定床反应器的热交换是通过绝热升温和绝热降温实现的。换热式固定床反应器是利用其他物质做载热体,通过间壁移走或供给热量,以维持催化剂床层的适宜温度,所以又称为对外换热式反应器。自热式固定床反应器是使原料气通过间壁与产物进行热交换的反应设备,这种设备既能控制催化剂床层的反应温度,又能预热原料到规定的温度,因而被广泛地用于放热反应过程中。

(3)流化床反应器。

在流化床结构中设计有筛板,事先给流化床内装填固体物料,固体物料的颗粒沉积在筛板上。当从流化床底部向上通压缩空气时,则固体颗粒的运动状态会发生吹松、膨胀、悬浮于气流中等变化。此时若增大压缩空气的流速,则固体颗粒被气流夹带流出。这一个过程即流化过程,实现这个过程的设备叫流化床。颗粒被气流夹带而流出的速度叫带出速度。

在实际的流化过程中,流化现象分为散式流化和聚式流化。如果固体颗粒均匀地分散在气流中,则称为散式流化,又叫均匀流态化,如果是不均匀的则称为聚式流态化。

流化床催化反应器的优点是生产强度大,适应性强,可实现连续化和自动化大规模生产,在工业上广为应用。

3. 搅拌器

(1)搅拌器的结构。

通用搅拌器是由电动机、减速机、支架、传动轴、密封装置、叶轮等部件组成,图3-5所示的是常见通用机械搅拌器。搅拌器上的叶轮是各式各样的。按搅拌叶轮的形状可分为螺旋式搅拌器、涡轮式搅拌器、桨式搅拌器、锚式搅拌器、框式搅拌器、螺带式搅拌器。如果按搅拌器的工作原理，则可分为轴向流搅拌器和径向流搅拌器。轴向流搅拌器以螺旋桨叶式为代表，具有流量大、压头低的特点，流体在搅拌罐内主要作轴向和切向流动；径向流搅拌器以涡轮式桨叶为代表，具有流量小、压头较高的特点，流体在搅拌罐内主要作径向流和切向流。

（2）搅拌器内液体的运动状态。

如图3-6所示为液体在搅拌混合过程中的运动状态。

（a）搅拌器

（b）A-310叶轮 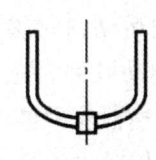　　（c）锚式叶轮 　　（d）后弯叶开启蜗轮式叶轮

（e）A-350叶轮 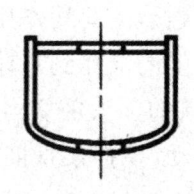　　（f）框式叶轮 　　（g）平直叶圆盘蜗轮式叶轮

(h）折叶桨式叶轮　　　　（i）风扇式叶轮

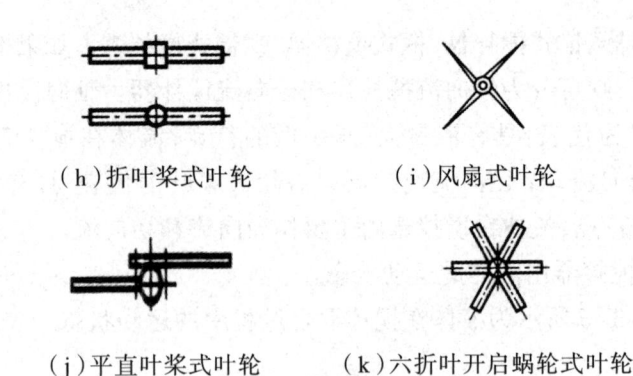

(j）平直叶桨式叶轮　　　（k）六折叶开启蜗轮式叶轮

图3-5　搅拌器及各种叶轮

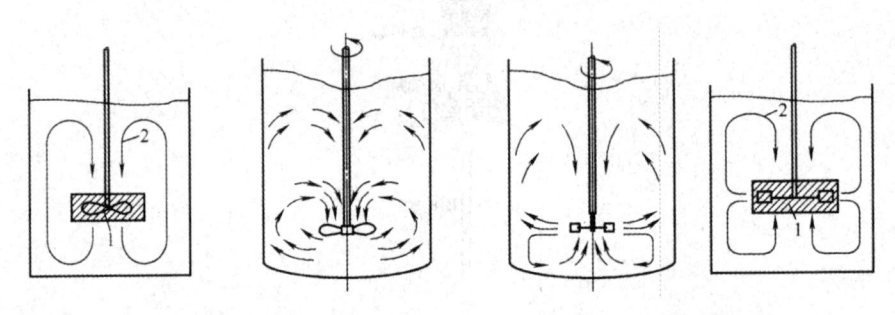

（a）螺旋桨式搅拌器流动状态　　　（b）涡轮式搅拌器流动状态

1—充分混合区；2—总体流动。

图3-6　液体在搅拌过程中的流动状态

在反应器内，随着搅拌器的转动，搅拌桨叶把机械能量传给了液体，并带动液体做圆周运动。液体在作圆周运动的同时，还会进行沿轴方向的运动和垂直于转动轴的径向运动，在搅拌桨叶附近产生了高度湍动的区域和一股高速射流。高度湍动区称为充分混合区，在充分混合区所有物料受到最大程度的混合。高速射流则推动全部液体沿一定途径在搅拌罐内进行循环流动。流体在搅拌罐中做的大范围循环流动叫总体流动。

当高速射流通过静止或运动速度较低的液体时，在其交界处产生了速度梯度，使附近的液体受到强烈的剪切作用，低黏度液体则产生大量涡流并迅速向外扩散，夹带更多的液体到总体流动中，同时形成局部范围的湍流流动。湍流流动形成的强大剪切力将液体破碎成微团；对于高黏度液体，罐内只作层流流动，搅拌桨直接推动的液体与周围运动迟缓的液体之间形成较大速度梯度，由此造成的强剪切力把液体破碎成微团。微团越小混合程度越高。

液体被剪切成微团的尺度与搅拌器、反应器的几何尺寸有关,也与搅拌器转速有关。研究发现,液滴、气泡的分散需要强烈的湍流流动;固体颗粒的均匀悬浮有赖于总体流动。因此,要使液体混合程度高则要强化湍流流动,要使固体颗粒悬液更加均匀,则要注重总体流动的形成。

(二)发酵罐的特征

发酵罐是工业生产中最常用的最重要的、应用最广泛的设备,也可以认为发酵罐是发酵工程的核心或者心脏。

发酵罐可理解为是一种或者多种微生物进行生长代谢的容器。发酵罐既有密闭的,也有开口的,这要根据发酵的需要来决定。

发酵罐是现代工业中的重要设备,也是微生物进行发酵的主要场所。为了保证发酵生产的最大效益,现代工业中所使用的发酵罐应该满足以下特征:①发酵罐的径高比要适宜。罐身较长,氧的利用率较高;②发酵罐应该承受足够的压力。在正常工作过程中,不仅有蒸气的气压还有液体本身的压力,发酵罐必须经受住这两种压力;③发酵罐的搅拌通风装置能使气液充分地混合,传质传热效果良好,同时保证了发酵过程中所需的溶解氧;④发酵罐在设计时尽量不要有过多的死角,以避免藏污纳垢,从而保证灭菌的彻底性,防止染菌的发生;⑤发酵罐应该具有足够的冷却面积;⑥搅拌器的轴封要好,以防止泄漏的发生。

(三)通用发酵罐

1.机械搅拌通气发酵罐

机械搅拌通气发酵罐是指发酵工厂最常用的通气发酵罐,也称为通用式发酵罐,它是利用机械搅拌器的作用使通入的无菌空气和发酵液充分混合,促使氧在发酵液中溶解,满足微生物生长繁殖和发酵所需要的氧气,同时强化热量的传递。此种发酵罐主要部件包括罐体、搅拌器、挡板、轴封、空气分布器、传动装置、冷却装置等(图3-7)。[1]

---

[1] 韦革宏,杨祥.发酵工程[M].北京:科学出版社,2008.

微生态制剂研究与应用

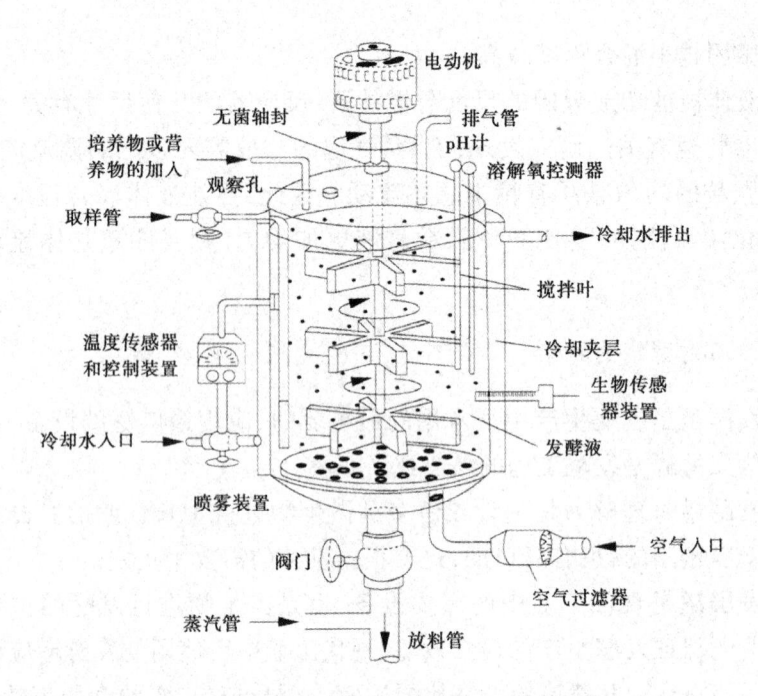

图 3-7　发酵工业中使用的大型通气搅拌发酵罐示意图

这种发酵罐是发酵工业最常用的发酵装置，多用于抗生素、维生素、氨基酸、酶类的生产。呈圆筒状，罐高/罐径多为 1.0～3.0m，通入的空气经分布管进入罐内。搅拌多为平桨式和涡轮式，一般可分为上段或下段两层。为了改善空气在罐内的混合状态，罐内装有挡板，在罐内上部装有消泡桨。为降低发酵罐温，在罐内装有冷却排管，罐外装有冷却罐套。

这种通用型发酵罐也存在着一些不足：不同种类的培养物在培养过程中产生剧烈的泡沫占据了罐内有效容积，因此要增加消泡剂用量。为了补救上述缺陷，人们曾研究了提高氧的移动率、形成高的通气量等方法，确保微生物的正常生长。

2. 自吸式发酵罐

自吸式发酵罐是一种不需要空气压缩机提供无菌空气，而是通过高速旋转的转子产生的真空或液体喷射吸气装置吸入空气的发酵罐（图3-8）。这种发酵罐20世纪60年代由欧美国家研究开发，最初应用于醋酸发酵，取得了良好的效果，醋酸转化率达到96%～97%，且耗电少。

随后在国内外的酵母及单细胞蛋白生产、维生素生产及酶制剂等生产中得到了广泛的应用,并取得了很好的效果。

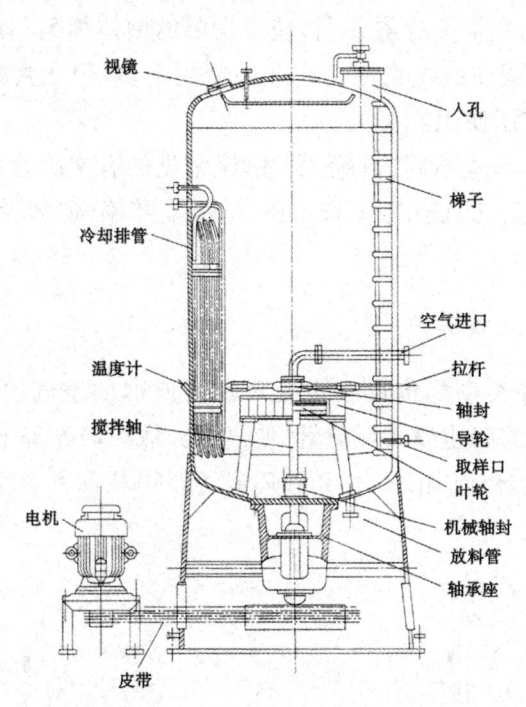

图 3-8 机械搅拌自吸式发酵罐

自吸式发酵罐的结构如图 3-9 所示。其主要结构有吸气搅拌叶轮和导轮,简称为转子和定子。转子由罐底升入的主轴带动,在转子高速转动的过程中形成的负压将空气从导气管吸入。常见的转子的型号有三叶轮、四叶轮、六叶轮和九叶轮,叶轮都是空心的(图 3-9)。由于被转子甩出的空气会形成细微的气泡,气液均匀紧密接触,接触表面也不断更新,这提高了传质效率,提高了溶氧系数,满足微生物对氧的需求,促进了发酵代谢产物的形成。

自吸式发酵罐与机械搅拌式通风发酵罐相比,具有如下的优点:可省去空气净化系统的空气压缩机及其附属设备,节省了设备投资,减少厂房占地面积;可大大提高溶氧的利用率,吸入的空气中 70%～80% 的氧被利用,能耗较低,供给 1 kg 溶氧耗电量仅为 0.5 kW·h;设备结构简单,由于酵母生产时发酵液中酵母浓度高,可减少发酵设备投资,经济效益明显提高。

由于这种自吸式发酵罐是依靠负压吸入空气,使得发酵罐内空气处于负压状态,因而增加了染菌的机会;这类发酵罐的搅拌转速特别高,因而有可能使菌丝被搅拌器切断,使得发酵的菌体细胞不能正常生长。所以,这类发酵罐在抗生素制药企业中使用不多,但在食醋发酵、酵母培养生产中仍广泛使用。

根据通气的形式不同,自吸式发酵罐常见的有文氏管发酵罐(喷射式自吸式发酵罐)、弗盖布氏(Vogelbusch)发酵罐(回转翼片式自吸式发酵罐)。

3. 气升式环流发酵罐

这种发酵罐类型是借助于设在环流管底部的空气喷嘴将空气以 $250 \sim 300$ m/s 的高速喷入环流管,使气泡分散在培养基中。气升式环流发酵罐包括内环流(循环)式和外环流(循环)式两种类型(图 3-9,图 3-10)。

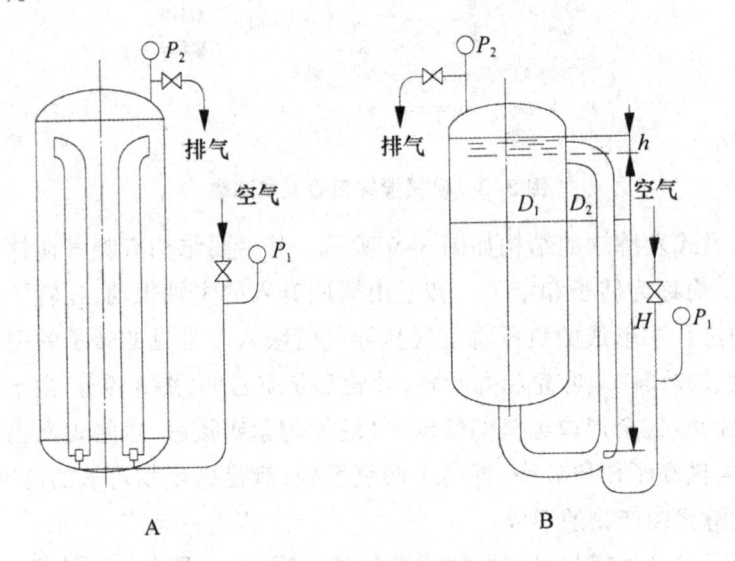

A—内循环气升式发酵罐;B—外循环气升式发酵罐。

图 3-9 气升式环流发酵罐

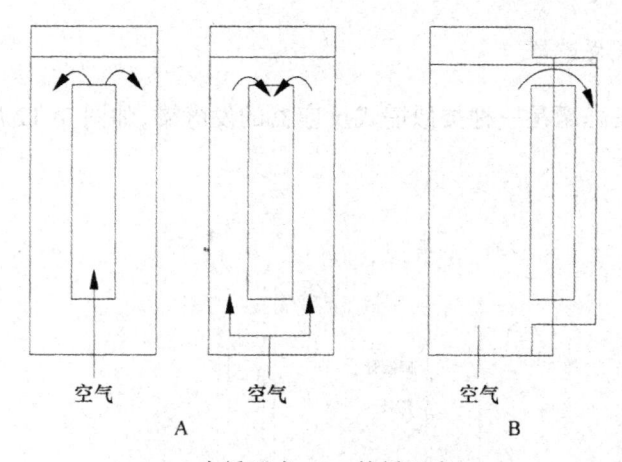

A—内循环式；B—外循环式。

图 3-10　内外循环气升式发酵罐

通常，我们用循环周期与气液比，来衡量气升式环流发酵罐的性能。循环周期指培养液在环流管中循环一次所需的时间。气液比是指培养液的环流量与通风量之比。循环周期越短，气液比值越大，说明向培养基内供氧越充分。气升式发酵罐广泛用于酵母、细胞培养及酶制剂、有机酸等发酵生产，同时也被广泛用于废水生化处理。例如，BIOHOCH 反应器便是典型的代表，其特点是一个反应器内设多个气升环流管，有效体积高达 $800 \sim 2\,000\ m^3$，具有节能、操作稳定、出水的 BOD 和 COD 低、无噪声，因而对环境无污染且占地面积小，是值得推广应用的废水处理的发酵装置（图 3-11）。

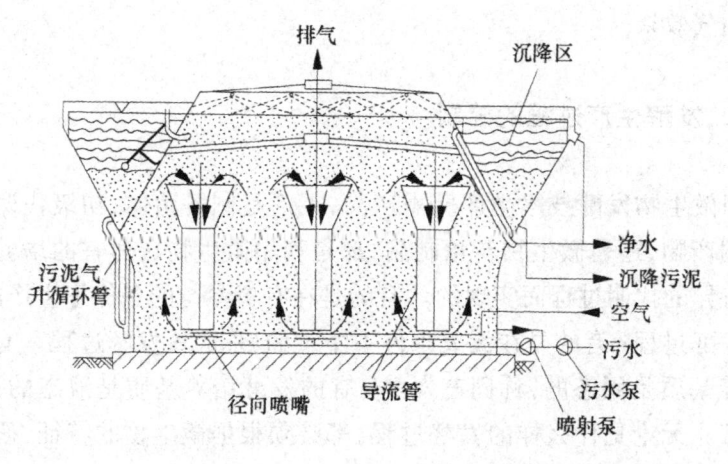

图 3-11　气升式发酵装置 BIOHOCH 多气升管废水处理生化反应过程

4. 塔式发酵罐

塔式发酵罐是一种类似塔式反应器的发酵罐,如图 3-12 所示。

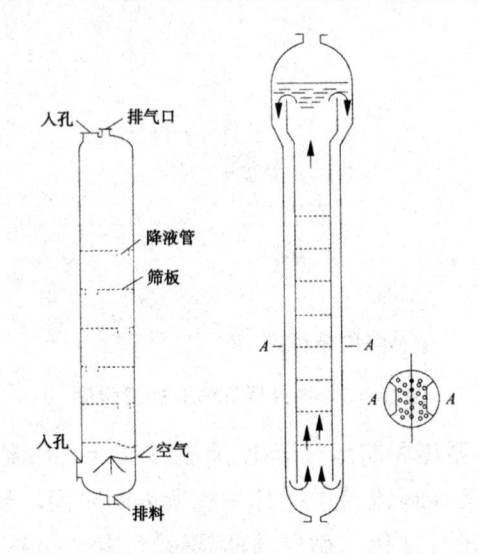

图 3-12 塔式发酵罐示意图

国外也有利用高位筛板发酵罐来生产单细胞蛋白,其罐直径 7 m,桶身部分高度 60 m,扩大段高度 10 m,罐中央有一只提升筒,筒内装 9 块筛板,发酵罐容积约为 2 500 m³,装液量为 1 500 m³,通气比为 1∶1。

也有人在模型罐内进行试验,认为提升罐的截面积与环隙面积之比以 1.6 为好,当筛板孔径为 2 mm 时,筛板开孔率为 20% 时,可达到最佳的通气效果。

二、发酵生产过程的控制

用微生物发酵技术生产所需产品,无论是制备菌体、初级代谢或次级代谢产物,还是微生物转化制品,都是利用微生物在适宜的培养条件下经特异的代谢过程而实现的。有的是在有氧参与的条件下生产的,称好氧发酵过程;有的是在无氧条件下生产的,称厌氧发酵过程。有的发酵培养基质是固态的,称固态发酵;有的发酵培养基质是液态的,称液态发酵。无论是什么样的发酵过程,都必须根据微生物的特征,研究微生物的生理代谢规律,控制适宜的培养条件;定期取样进行生化分析、镜检和无菌试验,以分析相关参数的变化情况,进而对代谢过程实施调节和控制。只有这样,才能使目的产物高效表达。

常规的发酵条件有罐温、搅拌转速、搅拌功率、空气流量、罐压、液位、补料、加糖、油或前体等的设定和控制;能表征过程性质状态的参数有 pH 值、溶氧(DO)、溶解 CO_2、氧化还原电位、尾气 O_2 和 CO_2 含量、基质或产物浓度、代谢中间体或前体浓度、菌体浓度(以 OD 值或细胞干重 DCW 表示)等。常用的工业发酵仪表见表 3-2 所列。

表 3-2 常用的工业发酵仪表

分类	测量对象	传感器、分析仪器	控制方式
就地使用的探头	温度	Pt 热电偶	盘管内冷却水循环或注入蒸汽加热
	湿度	玻璃或参比电极	加酸、碱或糖、氨水
	pH 值	极谱型 Pt 与 Ag/AgCl 或原电池型 Ag 与 Pb 电极	对搅拌转速、空气流量、气体成分和罐压有反应
	泡沫	电导控头/电容控头	开关式,流加适量泡沫
其他在线仪器	搅拌	转速计、功率计	改变转速
	空气流量	转子流量计	流量控制阀
	液位	应变规、压电晶体、测压元件	控制液体的进出
	压力	弹簧隔膜	压力控制阀
	料液流量	电磁流量计	流量控制阀
气体分析	O_2 含量	顺磁分析仪/质谱仪	
	CO_2 含量	红外分析仪/质谱仪	

(一)温度的影响和控制

1. 发酵热

引起发酵过程中温度变化的主要原因是发酵过程中的产热,也叫发酵热。在发酵过程中,菌体在进行着快速的新陈代谢而释放热量,机械搅拌也会带来一定的热量,同时发酵罐壁的散热以及水分的蒸发也会带走一部分的热能,经过综合的分析,我们将发酵过程的产热与散热进行了如下的分析。

(1)生物热。

我们将微生物生长繁殖过程所产生的热量称之为生物热,用 $Q_{生物}$ 表示。这种热主要是分解热,主要是指培养基中的碳水化合物、脂肪以及蛋白质被微生物分解为大量的 CO_2 和水以及少量的其他物质所释放出来的热能。

生物合成热包括呼吸反应热和发酵反应热,例如,葡萄糖彻底氧化会发生以下反应:

$$C_6H_{12}O_6 + 6O_2 \rightarrow 6CO_2 + 6H_2O - 2817.2 \text{ kJ/mol}$$

即 1 kg 葡萄糖彻底氧化产生的呼吸反应热为

$$1000 \times 2817.2 \div 180 = 15651 \text{ (kJ/kg)}$$

发酵反应热则根据发酵生成的具体产品而定,以谷氨酸的发酵为例:

$$C_6H_{12}O_6 + NH_3 + 1.5O_2 \rightarrow C_5H_9O_4N + CO_2 + 3H_2O - 891.5 \text{ kJ/mol}$$

即 1 kg 葡萄糖发酵生成谷氨酸的发酵反应热为

$$1000 \times 891.5 \div 180 = 4953 \text{ (kJ/kg)}$$

经过分析发现,发酵过程中生物热的产生也具有一定的时间性,即表现为在菌体的不同培养时期,菌体的呼吸作用与发酵作用的强度完全不同,因此所产生的热量也不同。①发酵初期:这一时期,菌体还处于适应的状态,此时的菌数很少,呼吸作用极其缓慢,因此产生的热量也非常少。②对数生长期:在这一时期,菌体的生长极其旺盛,微生物的呼吸作用也非常强烈,且菌体的种类也较多,因此所产生的热量很多,温度的上升也非常之快。此时,在工业生产上必须控制温度。③发酵后期:在发酵的后期,菌体已经基本上停止了繁殖,慢慢地走向衰老,此时的发酵维持主要是依靠菌体内的酶而进行的,产生的热量已经很少,发酵罐内的温度变化不大,且逐渐减弱。发酵过程中,发酵旺盛期的生物热大于其他时间的生物热,温度控制也主要在旺盛期。

(2)搅拌热。

机械搅拌通气发酵罐,由于机械搅拌带动发酵液做机械运动,造成液体之间、液体与搅拌器等设备之间的摩擦,因而产生了大量的热量,称为搅拌热($Q_{搅拌}$)。

搅拌热与搅拌轴功率有关,计算公式为

$$Q_{搅拌} = 3600P\xi \text{ (kJ/h)}$$

式中，P 为搅拌功率，单位为 kW；3 600 为机械能转变为热能的热功当量，即 1 kW 搅拌功率所产生的搅拌热，搅拌热的 kJ/kW；ξ 为功热转化效率，经验值为 $\xi = 0.92$。

相同发酵的单位体积条件下，搅拌热会随发酵罐体积的增大而变小，因为发酵罐体积越大，发酵液高度越深，搅拌转速越小，发酵液之间、发酵液与气体之间的相同混匀程度所需机械能越小。这也是现实中发酵罐体积越变越大的原因之一。

（3）蒸发热。

蒸发热（$Q_{蒸发}$）是发酵液随气体带走蒸气（主要是水蒸气）的热量，又叫汽化热。蒸发热的计算公式为

$$Q_{蒸发} = G(I_{进} - I_{出})$$

式中，G 为干气体的质量流量，kg/h。$I_{进}$、$I_{出}$ 为进出发酵罐气体的热焓量，单位均为 kJ/kg（干气体）。实际可根据空气的压力和温度将供气的体积通风量 $q(\text{m}^3/\text{h})$ 与质量流量 G 进行换算，公式为：

$$G = q/(空气质量体积 + 水蒸气质量体积 \times 空气湿含量)(\text{kg/h})$$

在 0.357 MPa、温度 25℃、空气湿含量为 0.87% 时，G 与 q 的转换关系计算如下：

$$G = q/(0.844 + 0.4 \times 0.0087) = q/0.8475 = 1.18q$$

式中，0.844 为空气在 25℃时的质量体积；0.4 为水蒸气在压力为 0.357 MPa、温度 25℃时的质量体积；0.008 7 为 25℃时空气的湿含量。

空气的热焓要根据空气的压力、温度、湿含量等参数进行计算。由于发酵罐进气、出气都为湿空气，湿空气焓的计算公式为

$$I_H = I_{干空气} + H \cdot I_{蒸}$$

式中，I_H 为湿空气的焓，kJ/kg 绝干空气；$I_{蒸}$ 为水蒸气的焓，kJ/kg 水蒸气；H 为湿含量，kg 水汽/kg 绝干空气。

湿空气的焓还与温度有关，温度越高焓值越大。由于焓是相对值，必须规定基准状态和基准温度，如 0℃时的绝干空气和液态水的焓为零，则对于温度为 t℃、湿度为 H 的湿空气，其焓值的计算公式为

$$I_H = C_{干空气} \cdot t + H(r_0 + C_{蒸} \cdot t) = (C_{干空气} + H \cdot C_{蒸})t + H \cdot r_0 = (1.01 + 1.88H) \cdot t + 2500H$$

式中，r_0 为 0℃时水的汽化潜热，其值约为 2500kJ/kg。

湿含量的计算式为

$$H = 0.622 \times (\Phi \cdot p / P - \Phi \cdot p)（kg 水汽 /kg 干空气）$$

计算需要收集发酵罐的进气、排气的空气压力 P_1、P_2（绝对压力），相对湿度 Φ_1、Φ_2，温度 T_1、T_2，水的饱和蒸气压 p_1、p_2 等参数。

（4）显热。

显热（$Q_{显}$）是进入发酵罐的空气和排出发酵罐的废气因温度差而带走或带入的热量。显热的计算公式为

$$Q_{显} = FC(T_{出} - T_{入})$$

式中，F 为空气流量；C 为空气热容；$T_{出}$、$T_{入}$ 分别为出罐、进罐的空气温度。

（5）辐射热。

发酵罐外壁和周围环境大气间的温度存在差异，那么发酵液中的部分热能会通过罐体向大气辐射热量，即为辐射热（$Q_{辐射}$）。

$$Q_{散热} = Fat(T_1 - T_2)$$

式中，F 为设备散热表面积，单位为 m^2；a 为散热表面向周围介质的联合传热系数，单位为 $kJ/m^2 \cdot h \cdot ℃$，如空气作自然对流且罐外壁温度为 35～50℃时，$a = 8 + 0.05t$；T_1 为器壁向四周散热的表面温度；T_1 为周围介质温度；单位为 t 为过程持续的时间，单位为 h。

辐射热的大小取决于设备表面积、罐内温度与外界气体温度间的差值，如温差值愈大，则散热愈多，但一般不会超过发酵热的 5%。

由于 $Q_{生物}$、$Q_{蒸发}$ 和 $Q_{显}$ 特别是 $Q_{生物}$ 在发酵过程中是随时间变化的，其中发酵热在整个发酵过程中变化更剧烈，从而引起发酵温度的波动，在发酵旺盛期因大量产热而会导致发酵温度的快速升高。为了使发酵能在一恒定的温度下进行，就需要采取措施进行发酵温度的控制。例如，在发酵罐的夹套或蛇管内一般通入冷水进行降温控制，但是在冬季和发酵初期，特别是对于小型发酵罐，通常散热量大于产热量而需用热水保温，即此时需要通入热水进行升温控制。

可见，发酵热 $Q_{发酵}$ 的组成为

$$Q_{发酵} = Q_{生物} + Q_{搅拌} - Q_{蒸发} - Q_{显} - Q_{辐射} \tag{3-1}$$

2. 发酵热的测定及计算

发酵热一般可考虑用下述测定方式：

（1）冷却水流量和温度变化测定法

通常选择主发酵旺盛期，此时是产生热量最大的时间段，通过测量一定时间内冷却水的流量和冷却水进口、出口温度，按下式计算发酵热：

$$Q_{发酵} = \frac{q_V c(t_{进} - t_{出})}{V} \tag{3-2}$$

式中，$Q_{发酵}$ 为发酵热，kJ（$m^3 \cdot h$）；q_V 为冷却水质量流量，单位为 kg/h；c 为水的比热容，单位为 kJ/(kg·℃)；$t_{进}$，$t_{出}$ 分别为进出冷却水的温度，单位为℃；V 为发酵液体积，单位为 m^3。

如果需要求生物热时，可由公式（3-1）推导出

$$Q_{生物} = Q_{发酵} + Q_{蒸发} + Q_{显} + Q_{辐射} - Q_{搅拌}$$

（2）直接测定计算法

在主发酵最旺盛期，即发酵放热高峰期，可先使罐温恒定，然后关闭冷却水，直接测定发酵液在 30 min 内的温度上升值，然后按下式计算发酵热：

$$Q_t = \frac{2(m_1 c_1 - m_2 c_2) \times 2\Delta T}{V_L} \left[kJ/(m^3 \cdot h) \right] \tag{3-3}$$

式中，m_1 为发酵液的质量，单位为 kg；m_2 为发酵罐的质量，单位为 kg；c_1 为发酵液的比热容，单位为 kJ/(kg·℃)；c_2 为发酵罐材料的比热容，单位为 kJ/(kg·℃)；ΔT 为 30 min 内发酵液的温升，单位为℃；V_L 为发酵液的体积，单位为 m^3。

一般抗生素发酵过程中的发酵热为 3 000 ~ 5 000 kJ/($m^3 \cdot h$)；谷氨酸发酵过程中的发酵热为 7 000 ~ 8 000 kJ/($m^3 \cdot h$)。实际上，由于测定时的操作条件、发酵条件不同，测定结果也会略有差异，具体发酵的真实数值需要测定才知。

（3）根据化合物的燃烧热值计算发酵过程中生物热的近似值

根据 Hess 定律，热效应只和系统的初态与终态有关，而与变化的途

径并无关系,即:

反应的热效应 = 作用物的生成热总和 − 生成物的生成热总和

可采用物质的燃烧热来计算相应的热效应,例如,对于有机化合物的燃烧热可直接测定,即:

总反应的热效应 = 作用物的燃烧热总和 − 生成物的燃烧热总和

$$\Delta H = \sum (\Delta H)_{作用物} - \sum (\Delta H)_{生成物} \qquad (3-4)$$

虽然发酵是一个复杂的生化变化过程,作用物和生成物很多,但是可以以主要的物质,即在反应中起决定作用的物质近似地进行计算。例如,谷氨酸发酵,计算所得结果与实测值还是比较接近的,其计算方法如下。

①发酵过程中,主要物质的燃烧热。

葡萄糖:1.566×10^4 kJ/kg

谷氨酸:1.545×10^4 kJ/kg

玉米浆:1.231×10^4 kJ/kg

菌体:2.094×10^4 kJ/kg

尿素:1.063×10^4 kJ/kg

②根据实测发酵过程物质平衡计算生物热。

例如,某味精厂 50 m³ 发酵罐过程测定结果主要物质变化如表 3-3 所示。根据表 3-4 所得数据可用式(3-4)计算生物热,例如,谷氨酸发酵 12～18 h 中平均每小时产生的生物热为:

$Q_{生物}$ =(消耗葡萄糖的热值 + 消耗玉米浆的热值 + 消耗尿素的热值 − 生成菌体的热值 − 生成谷氨酸的热值)/6=24×1.566×10^4+0.6×1.231×10^4+6×1.063×10^4−1.2×2.094×10^4−15.4×1.545×10^4)/6= 3.07×10^4(kJ/m³·h)

表 3-3 谷氨酸发酵过程主要物质的变化

发酵时间(h)	0～6	6～12	12～18	18～31
糖(kg/m³)	−37	−30.3	−24.0	−41.7
谷氨酸(kg/m³)	—	+5.9	+15.4	+23.9
尿素(kg/m³)	−2.9	—	−6	—
菌体(k/m³)	+4.8	+6.0	+1.2	
玉米浆(kg/m³)	−2.4	−3.0	0.6	

注:表中负值为消耗量,正值为生成量,即 6 h 中平均每 1 h 产生的生物热。

3. 温度对发酵的影响

温度能够影响微生物发酵的反应速度。在微生物发酵中,酶的催化作用直接影响了酶促反应的速度,酶的活性越高,反应速度也就越快。一般来说,在低于酶的最适温度时,只要提高温度就能提高酶的活性;当温度高于最适温度时,酶的活性反而下降,化学反应速度也随之降低。此外,高温还会导致菌丝的提前溶解,严重缩短了发酵的周期,降低了生物代谢产物的产量。研究表明,不同的菌种的生长最适温度也不相同,如灰色链霉菌为27～29℃;红色链霉菌为30～32℃;青霉素生长温度为27～28℃,合成温度为26℃;合成庆大霉素最适温度为32～34℃,生长最适温度为34～36℃。一般生物合成最适温度低于生物生长最适温度。

温度除了对微生物的发酵速度产生影响外,它还会影响发酵液的物理性质,通过对黏度、溶氧量、氧的传递速率等的影响间接对代谢产物的合成产生影响。如温度影响基质和氧在发酵液中的传递,影响微生物对营养的吸收,从而影响微生物的合成。[①]

对于发酵产物的合成,温度也能够改变产物的合成方向,例如:采用金色链霉菌生产四环素的过程中,提高温度后,四环素的产量增加,降低温度后金霉素的产量增加。同时温度还会影响产物的稳定性,如在发酵的后期,蛋白质与其他产物很容易发生水解而产生了较多的水,有时水解的情况会很严重,采取降低温度的方法就能够降低水解的发生。在温度的选择方面还需要参考其他的发酵条件,需灵活掌握。如在供氧条件较差的情况下最适的发酵温度往往低于正常情况下的低一些,菌体的生长速率也相对较小,从而弥补了因供氧不足而造成的代谢异常。

青霉素发酵采用变温(2～5 h、30℃,5～40 h、25℃,40～125 h、20℃,125～165 h、25℃)培养下的青霉素量比25℃恒温培养提高了15%。

(二)pH值的影响和控制

在发酵过程中,培养基的pH值同温度一样影响各种酶的活性,进

---

① 盛贻林.微生物发酵制药技术[M].北京:中国农业大学出版社,2008.

而影响产生菌的生长繁殖及产物的合成。pH 值对微生物生长影响很明显,pH 值不合适,将严重影响菌体生长和产物合成。

1. pH 对发酵的影响

不同微生物的最适生长 pH 值和最适生产 pH 值不同。由于细胞膜的选择透过性,培养环境中 pH 值的变化尽管不会引起细胞内等同变化,但必然引起细胞内 pH 值的同方向变化。由于细胞内存在着复杂酶体系,它们通过细胞提供一个适宜催化反应的局部 pH 值环境。但由于细胞本身的 pH 值缓冲能力有限,细胞外 pH 值的变化必然对细胞内各种酶的催化活力产生影响。另外,培养环境中 pH 值变化,必然影响膜电位和细胞跨膜运输,因为许多跨膜速输是以质子的跨膜转运为前提条件的。pH 值变化也会导致发酵产物稳定性变化,影响其积累。一般中性条件下干扰素的产生能力比弱酸性条件有所下降,因为酸性环境(pH 值在 5.5 左右)有利于发挥这种菌株的生产能力。pH 值影响细胞表面电荷,从而关系到细胞结团或絮凝,对微生物生长和代谢不利。

2. 发酵过程 pH 值的调节及控制

氨基酸发酵,在原始培养基中,一般调节 pH 值在 7.0 左右。在斜面培养、种子培养和发酵的长菌阶段,由于产物很少,pH 值变化不很大,一般不用调节 pH 值;而在发酵阶段,由于消耗氮源和积累氨基酸,pH 值变化较大,则必须予以调节和控制。例如,谷氨酸发酵过程中,不同的时期对 pH 值的要求不同。发酵前期,幼龄菌体细胞对氮的利用率高,pH 值变化波动大。如果发酵前期 pH 值偏低,菌体生长旺盛,消耗营养成分快,菌体转入正常代谢,长菌体而不产谷氨酸;当 pH 值偏高,对菌体生长不利,糖代谢缓慢,发酵时间延长。但是,在发酵前期 pH 值稍高些(pH 值为 7.5～8.0)对抑制杂菌生长有利。因此,发酵前期宜控制 pH 值在 7.5 左右,发酵中、后期宜控制 pH 值在 7.2 左右,因为谷氨酸脱氢酶的最适 pH 值为 7.0～7.2,氨基酸转移酶的最适 pH 值为 7.2～7.4。

(三)溶氧的影响和控制

氧是细胞呼吸的底物,氧浓度的变化对细胞影响很大,也反映了设备的性能。溶氧量是指溶于培养液中的氧,常用绝对含量表示,也可用饱和氧浓度的百分数表示。

1. 溶氧的影响

溶解氧对菌体生长的影响是直接的,适宜的溶氧量保证菌体内的正常氧化还原反应。溶氧量少将导致能量供应不足,微生物将从有氧代谢途径转化为无氧代谢来为自身供应能量。由于无氧代谢的能量利用率低,同时碳源物质的不完全氧化产生乙醇、乳酸、短链脂肪酸等有机酸,这些物质的积累将抑制菌体的生长与代谢。溶氧量偏高可导致培养基过度氧化,细胞成分由于氧化而分解,也不利于菌体生长。

细胞内氧化还原反应乃至物质之间的转化也需要氧的参与。维生素 B_{12} 发酵中,供氧才能实现 B 因子(咕啉醇酰胺)到维生素 B_{12} 的转化。发酵过程对氧的需求与产物的合成代谢途径有关,如果代谢途径中产生的 NADH 越多,呼吸链需要的氧就越多,必须多供氧。有的发酵需要在不同的阶段进行不同的供氧。如在天冬酰胺酶的生产中,前期好氧发酵,后期厌氧发酵,能提高酶的活性。

2. 溶氧的控制

发酵的溶氧浓度是由供氧和需氧两方面所决定的。也就是说,当发酵的供氧量大于需氧量时,溶氧浓度就上升,直到饱和;反之就下降。因此要控制好溶氧浓度,需从这两方面着手。

供氧是指氧溶于培养液中的过程。供氧主要由氧溶解速率决定:

$$N = K_L a(c_1 - c_2) \quad (3-5)$$

式中,N 为氧溶解速率,单位为 mmol/(L·h);K_L 为氧的总传质系数,单位为 m/h;a 为传质比表面积,单位为 m^2/m^3;c_1 为氧的饱和浓度,单位为 mmol/L;c_2 为实测氧浓度,单位为 mmol/L。

$K_L a$ 与发酵罐大小、形式、鼓泡器、挡板、搅拌及温度有关。凡是使 $K_L a$ 和 c_1 增加的因素都能实现发酵供氧改善。

在氧气供应方面,主要做法是提高氧传递的推动力以及液相体积氧传递系数的 $K_L a$ 值。在生产中,控制供氧量的方法主要有调节搅拌转速与调节通气量。实际上,供氧量的大小还要与需氧量相互协调,也就是说发酵过程中要适时地控制需氧量,使菌体生长和产物形成的总需氧量不能超过设备的供应能力,使生产菌发挥最大水平。

除了控制补料外,还可以采用降低温度、液化培养基、中间补水、添加表面活性剂等方式来提高溶氧浓度。

(四)二氧化碳的影响和控制

1. 二氧化碳的影响

二氧化碳是微生物在生长繁殖过程中的代谢产物,也是合成某些产物的基质。通常二氧化碳对菌体生长有直接影响。当空气中存在约1%的二氧化碳时,可刺激青霉素产生菌孢子发芽;当二氧化碳浓度高于4%时,即使溶氧浓度在临界溶氧浓度以上,也会对产生菌的呼吸、摄氧量和抗生素合成产生不利影响。用扫描电子显微镜观察二氧化碳对产黄青霉生长状态的影响,发现菌丝随着二氧化碳含量不同而发生变化。当二氧化碳含量为0~8%时,菌丝主要显丝状;上升到15%~22%时,显膨胀、粗短的菌丝;二氧化碳分压继续提高到8 kPa时,则出现球状或酵母状细胞,使青霉素合成受阻。

二氧化碳也会影响发酵产物的形成,如空气中二氧化碳的分压达到8kPa时,青霉素的生产速率下降40%,红霉素的产量减少60%。四环素的合成也有一个最适二氧化碳分压(0.42 kPa),在此分压下产量才能达到最高。

2. 排气中 CO_2 浓度与发酵的关系

(1)检测菌体的生长。

分析尾气中 CO_2 的含量,记录培养基体积及通气量的变化,用计算机计算 CO_2 的积累量与菌体的干重进行比较,得出对数期菌体生长速率与 CO_2 释放率成正比关系。

一般空气进口 O_1 占20.85%、CO_2 占0.03%、惰性气体占79.12%,因此连续测得排气中 O_1 和 CO_2 浓度,可计算出整个发酵过程中 CO_2 的释放率(carbon dioxide release ratio,CRR)。

$$CRR = Q_{CO_2}X = \frac{q_{进}}{V}\left[\frac{\varphi_{惰进} \cdot \varphi_{CO_2出}}{1-\left(\varphi_{O_2出}+\varphi_{CO_2出}\right)} - \varphi_{CO_2进}\right]f \quad (3-6)$$

式中,Q_{CO_2} 为比二氧化碳释放率,单位为 mmol CO_2/(g 干菌体·h);X

为菌体干重,单位为 g/L；$q_{进}$ 为进气流量,单位为 mol/h；$\varphi_{惰进}$、$\varphi_{CO_2进}$ 分别为进气中惰性气体、CO_2 的体积分数；$\varphi_{CO_2出}$、$\varphi_{O_2出}$ 分别为排气中 CO_2、O_2 的体积分数；V 为发酵液的体积,单位为 L；f 为系数,$f = \dfrac{273}{273+t_{进}} \times p_{进}$；$t_{进}$ 为进气温度,单位为 ℃；$p_{进}$ 为进气绝对压强,单位为 Pa。

从测定排气 CO_2 浓度的变化,采用控制流加基质的方法来实现对菌体的生长速率和菌体量的控制。

(2) 补糖与排气 CO_2 浓度的关系。

发酵液中补加葡萄糖,即增加碳源,排气 CO_2 浓度增加,pH 值下降。

3. 二氧化碳的控制

二氧化碳在发酵液中的浓度受到许多因素的影响,在发酵过程中如遇到泡沫上升而引起"逃涮"时,经常采用增加罐压的方法消泡,会增加二氧化碳溶解度,这将对菌体生长不利。另外,补料加糖亦会使液相、气相中二氧化碳含量升高,因为糖用于菌体生长、菌体维持和产物合成三个方面都产生二氧化碳。在发酵罐中不断通入空气,可随气排出产生的二氧化碳,使其在液相中的浓度降低,通气量越大,液相中二氧化碳浓度就越小；加强搅拌也有利于降低二氧化碳的浓度。因此,生产上一般采取调节搅拌速率及通气量的方法控制调节液相中二氧化碳的浓度。

(五) 加料方式的影响和控制

1. 加料方式的影响

加料方式有以下三种:一次性加料、一次性投入主料中间补料、连续加料。一次性投料方式操作简单,不易染菌,但一次性投料因营养过于丰富,易造成细胞大量生长。影响发酵液流变学的性质,同时易造成底物浓度抑制、产物反馈抑制和分解代谢物的阻遏等,不利于产物合成。一次性投入主料中间补料方式除可避免上述不利因素外,还可用作控制细胞质量的手段,以提高发芽孢子的比例。连续加料方式易染菌,且由于长时间连续培养,生产菌易老化变异,但可提高设备利用率和单位时间产量,节省发酵罐非生产时间,便于自动控制,工业规模上很少采用。一次性投入主料中间补料方式是目前较为普遍采用的加料方式。

2. 加料方式的控制

补料操作控制系统分为两类,分别是有反馈控制与无反馈控制。这两种类别的数学模型在理论上差别不大。其中,无反馈控制是指无固定的反馈控制参数来达到操作最优化的控制。如青霉素补料控制中,以产物浓度为目的函数,研究了葡萄糖流加的最优化方法。使用 pontryaghin 连续最大原理(一种最优化过程的数学原理)得到一个包含流加速率连续增加阶段在内的最优操作曲线。在头孢菌素 C 的发酵研究中,采用计算机模拟的办法,考虑菌丝的分化、产物诱导及分解产物对产物合成的抑制等多种因素,利用归一法原理,把复杂的多组分补料问题简化成各种单一组分的补料,从而确定了最优化的补料方式。补料除了增加发酵液体积,改变营养成分比例,改善发酵液的物理性质以外,还能对发酵进行控制。通过补料加入的时间、数量、品种及配比的调整,来控制发酵菌的生长速度及发酵液中菌体浓度,并延长发酵产物的生物合成期。例如,要降低菌体的生长速度,在补料时碳、氮浓度就可以低一点,特别是氮浓度要低或不加氮;如果发酵液中菌体浓度太低,只要补料时间提前,补料时碳、氮浓度高一点。碳氮比低一些,并且多用一些有机氮源物质,就可以提高发酵液中的菌体浓度;前期补料时,碳、氮不过量,中、后期补料时让菌体处于半饥饿状态,就可推迟菌体的衰老与自溶,延长发酵产物的合成期,提高产量。

(六)泡沫的影响和控制

微生物工业上消除泡沫常用的方法有两种:化学消泡和机械消泡。

发酵培养液中存在一定数量的泡沫是正常的,泡沫的存在可以增加气-液接触的面积,增加氧在发酵液中的传递。但如果培养液中长时间存在大量的泡沫,则会对发酵产生极其不利的影响:①降低了发酵罐的装料系数(装料量与发酵罐的总体积之比)。如果培养液中有大量泡沫存在,就会占去大量的发酵罐容积,补料时只能减少装料量。一般发酵罐的正常装料系数应达 0.6~0.7。②影响了菌体的生长。泡沫严重时,会影响通气搅拌的正常进行,从而影响微生物的正常呼吸和营养物质的吸收,抑制微生物的生长,导致发酵产物的产量降低。另外,还有一些菌随泡沫粘在罐顶、罐壁上不能继续生长,也使培养液中的菌体浓度降低,减小总产量。③增加了染菌的机会。大量的泡沫存在,使泡沫从罐顶轴时中渗出或从排气管中逃液,增加了染菌污染的机会。④泡沫降低发酵物产量,大量存在时,会从排气管中排出泡沫,引起"逃液"现象。此时,如减少通气量,则影响发酵菌的正常生长;如加入消沫剂,不但影响发酵菌生长,而且对产生的代谢物的提取和精制带来不利影响,这一切都将大大地降低发酵产物的产量。

三、发酵染菌原因分析

在发酵染菌后,首先要分清楚染菌的原因,然后总结发酵染菌的经验。力求做到将发酵染菌消灭在萌芽之中,这是避免发酵染菌最重要的措施。如果不对染菌作具体的分析,只是盲目地采取措施,这样只会耗费更多的人力、财力,收效甚微。

造成发酵染菌的因素很多,总的来说,其原因可分为:种子带菌、无菌空气带菌、设备渗漏、灭菌不彻底、操作失误和技术管理不善等。表3-4为抗生素发酵染菌原因分析,发现染菌后,分离无菌试验的结果,并参考以下方法进行原因分析,确保污染不再发生。

表3-4　日本抗生素发酵染菌原因分析

染菌原因	染菌率/%	染菌原因	染菌率/%
种子带菌或怀疑种子带菌	9.64	阀门渗漏	1.45
接种时罐压跌零	0.19	蛇管穿孔	5.89
培养基灭菌不彻底	0.79	罐盖渗漏	1.54
空气系统有菌	19.96	接种管穿孔	0.39
夹套穿孔	12.36	其他设备渗漏	10.13
搅拌填料渗漏	2.09	操作问题	10.15
泡沫冒顶	0.48	原因不明	24.91

常见的设备、管道的"死角"如下。

发酵罐的"死角"。发酵罐内部的部件及其支撑件,如拉手扶梯、搅拌轴拉杆、联轴器等的周围极易引起污垢的积累,从而形成"死角"。只要经常清洗这些部位,就可以消除这些"死角"。

发酵罐制作不良也会形成"死角",如不锈钢衬里焊接质量不好,导致不锈钢与碳钢之间有空气。在灭菌时,由于三者膨胀系数不同,使不锈钢鼓起或破裂,造成"死角",如图3-13所示。

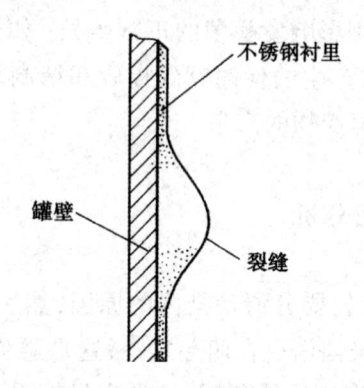

图 3-13　不锈钢衬里破裂造成"死角"

罐底部堆积培养基中的固体物,形成硬块,包藏着脏物,如图3-14所示,使灭菌不彻底。应清洗彻底,消除积垢。

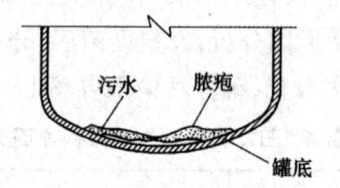

图 3-14　发酵罐罐底脓疱状积垢

罐底的加强板长期受压缩空气顶吹而腐蚀、受损或裂缝,或焊接不当,造成灭菌不彻底,如图3-15所示。应煅成与罐底相同弧度,使之吻合紧密,并注意焊接质量。

发酵罐封头上的入孔(或手孔)、排风管接口、灯孔、视镜口、进料管口、压力表接口等都是造成"死角"的潜在之处。一般应安装边阀,使灭菌彻底,并注意清洗。

②管道安装不当形成的"死角"。发酵车间的管道大多数以法兰连接,法兰的加工、焊接和安装要符合灭菌要求,使衔接处两节管道畅通、

光滑、密封性好,垫片内圆恰与法兰内径相等,安装时须对准中心。垫片内径太大、太小或安装不对准中心,都会造成"死角",法兰与管子焊接不好,受热不均匀,易使法兰翘曲而形成"死角",法兰的"死角"如图3-16 所示。

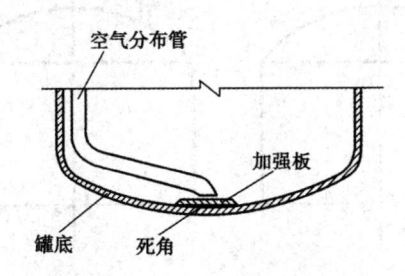

图 3-15 罐底的加强板

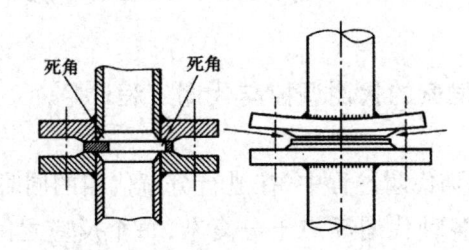

图 3-16 法兰的"死角"

某些管道须在发酵过程中或在培养基灭菌后才进行灭菌,如种子罐底部的移种管,若安装不当,就会存在蒸汽不易通达的"死角",见图3-17(a)。消除方法见图 3-17(b)。

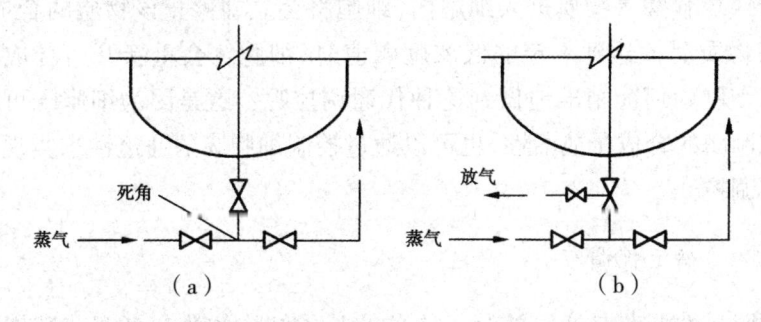

图 3-17 灭菌时蒸气不易通达的"死角"及其消除方法

压力表安装不合理会形成"死角",如图 3-18(a)所示,消除方法是在近压力表处安装放气边阀,如图 3-18(b)所示。

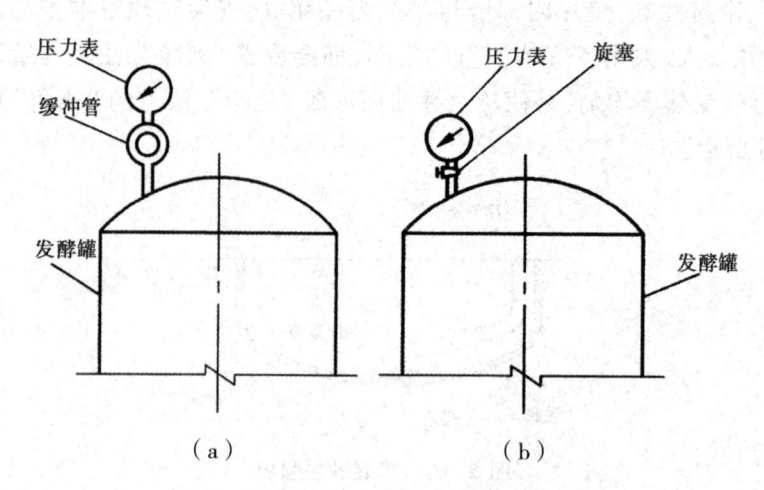

图 3-18　压力表安装不合理形成"死角"

四、微生物发酵的代谢调控与代谢工程

微生物在新陈代谢过程中,在进行分解代谢的同时也在进行着合成代谢,细胞内的各种代谢反应十分复杂,每个反应之间都是相互制约、彼此协调的,可随环境条件的变化而迅速改变代谢反应的速度,这主要是因为微生物细胞内有着一整套极为精细的代谢调节(或称代谢调控,regulation of metabo lism)系统。通常情况下,细胞内只合成所需的中间代谢产物,严格防止氨基酸、核苷酸等物质的积累。一旦有新的外源氨基酸或核苷酸等物质进入细胞内,细胞将会立即停止该物质的合成,只有该物质消耗达到一定的低浓度阈值时,细胞才会重新开启合成的大门。细胞为何能精准地做到这种代谢调控呢?这是因为细胞既可以通过控制酶的合成量或活性,也可以通过控制细胞膜的通透性来实现这种精细调控。

(一)酶活性调节

酶活性调节是通过酶分子构象或分子结构的改变来调节其催化反应速率的,调节的是已有酶分子的活性,是在酶化学水平上发生的。酶活性的调节可分为激活与抑制两种方式。

1. 变构调节

在一个由多步反应组成的代谢途径中,末端产物通常会反馈抑制该途径的第一个酶,这种酶通常被称为变构酶(allosteric enzyme)。变构酶通常是某一代谢途径的第一个酶或是催化某一关键反应的酶。变构酶既有能与底物结合的活性中心(称为催化部位或活性部位),也还有一个能与最终产物结合的部位,称为调节中心(或称为变构部位)。在某些重要的生化反应中,反应产物的积累往往会抑制该反应中酶的活性,这是由于反应产物与酶的结合改变了酶的构象,从而抑制了底物与酶活性中心的结合。

变构调节往往通过反馈抑制来完成。反馈抑制这种调节方式又分为协同反馈、累积反馈和顺序反馈等多种类型,这些内容一般归类于生物化学中,在生物化学课程中已做了详细介绍。

2. 修饰调节

修饰调节是指酶蛋白分子中的某些基团可以在其他酶的催化下发生可逆的共价修饰,导致酶活性的改变,使之处于活性和非活性的互变状态,从而导致调节酶的活化或抑制,以控制代谢的速率和方向。磷酸化、去磷酸化作用是最常见的共价修饰调节类型,此外还有乙酰化与去乙酰化,甲基化与去甲基化等可逆调节系统。

(二)酶合成的调节

微生物还可以通过控制酶基因的表达来调节酶的合成量,进而调节代谢速率,这是一种在基因水平上的代谢调节,与遗传基因密切相关,是调节基因作用的结果。凡能促进酶生物合成的现象,称为诱导,而能阻碍酶生物合成的现象,则称为反馈阻遏。

1. 诱导

根据酶的生成是否与环境中所存在的该酶底物或其有关物的关系,可把酶划分成组成酶(constitute enzyme)和诱导酶(induced enzyme)两类。组成酶是细胞固有的经常以较高浓度存在的酶类。诱导酶则是细胞为适应环境中的外来底物或其结构类似物而临时合成的一类酶。

2. 反馈阻遏

反馈阻遏是指,在合成过程中有生物合成途径的终点产物对该途径的一系列酶的量进行调节而引起的阻遏作用。反馈阻遏是基因转录水平上的调节,产生效应慢。在某些代谢途径中,因末端代谢产物的过量累积而引起酶合成的阻遏作用称为末端代谢产物阻遏。但在某些情况下,有时细胞内同时存有两种可供分解的底物 A 和 B 时,从而会出现底物 A 利用快,而底物 B 利用慢,这是因为可优先利用的底物 A 阻止了底物 B 分解酶的合成。

(三)细胞膜透性调节

微生物细胞膜是位于细胞壁内侧,包围细胞质的一层薄膜。细胞膜是一个具高度选择性的屏障,把细胞质与外界环境分隔开,使细胞获得一个相对稳定的内环境。细胞从外部环境中吸收营养物质进入细胞内,或者将细胞内产生的代谢产物分泌至细胞外,都要通过细胞膜。因此,细胞可通过调节膜的通透性大小,来实现对代谢过程的调节作用。当在培养基中存在速效和迟效的碳源或氮源时,微生物菌体的生长往往会出现二次生长现象。其原因除了分解代谢物阻遏作用外,还与细胞对速效和迟效营养成分的先后准入次序有关,因为运输迟效营养成分的载体只有在速效营养成分耗尽后才会合成。

(四)代谢调节在发酵生产工业中的应用

在工业生产上常会采用微生物发酵生产某种代谢产物的方法,比如,利用微生物发酵生产柠檬酸和乳酸等各种有机酸、维生素、氨基酸和抗生素等产品。在发酵工业中,调节微生物代谢过程的方法很多,包括添加前体物或诱导物、控制发酵工艺等生物化学方法,还包括菌种遗传特性的改变和细胞膜渗透性的调控等各种措施。

1. 生物化学方面的调控措施

影响微生物代谢过程的化学因子包括 pH 值、溶氧水平和营养物质、浓度等,其中在发酵过程中通过向培养基中添加前体物质,可以成功地绕过反馈阻遏或反馈抑制的作用而实现产量的大幅度增加。例如,在利用异常汉逊氏酵母进行色氨酸发酵时,过量合成的目的产物会对合成途径中的 3-脱氧-2-酮-D-阿拉伯庚酮糖-6-磷酸合成酶有反馈抑制作用,而影响色氨酸的产量。如果向培养基中直接加入邻氨基苯甲酸(图 3-19),就跨过了 3-脱氧-2-酮-D-阿拉伯庚酮糖-6-磷酸合成阶段,从而就解除了前面的反馈抑制,从而可大幅度提高色氨酸的产量。

也可通过添加诱导物来提高诱导酶的合成量。从提高诱导酶的合成量来说,最好的办法往往不是添加酶的底物,而是底物的衍生类似物。

$$\left.\begin{array}{l}\text{PRP}\\\text{7-磷酸赤藓糖}\end{array}\right\} \rightarrow \text{3-脱氧-2-酮-D-阿拉伯庚酮糖} \rightarrow \text{邻氨基苯甲酸} \rightarrow \text{色氨酸}$$

图 3-19 异常汉逊氏酵母的色氨酸生物合成途径

2. 菌种遗传特性的改变

如前所述,在正常活细胞内,每种物质的代谢都有着严格的调控机制,其中间代谢产物或终产物都不会被大量积累。若要选育某种目的产物(可以是代谢过程中的中间产物或终产物)的高产菌种,就必须打破或解除原有正常的调控体系,并建立新的调控体系。这往往需要改变代谢途径以解除反馈抑制,或者需要选育抗反馈调节突变株来完成。突破微生物的自我调控机制,目前通常采用如下措施来达到积累目的产物的目标。

①通过选育营养缺陷型或渗漏缺陷突变株来切断支路。代谢营养缺陷型菌株是指野生菌株发生基因突变后,合成途径中某种功能酶丧失了活性,代谢途径发生了阻断而不能合成终产物。因此在缺陷型菌株中终产物的反馈调节(包括反馈抑制和反馈阻遏)作用就在基因水平上得到了解除,这样中间产物或另一分支途径中的末端产物就得以积累。

渗漏缺陷突变株是指遗传性障碍不完全的缺陷型,也就是这种基因突变只使某种酶的活性下降而不是完全失去活性,因此菌株仍然能够少量地合成某一种代谢终产物。因为菌株不能过量地合成终产物,因此就不会引起反馈抑制,所以也就不会影响到所需要的目的中间代谢产物的积累。

②选育抗反馈调节突变株来解除反馈调节。抗反馈调节突变株是

指一种对反馈抑制不敏感或阻遏有抗性的组成型突变株。这种突变株可采用代谢拮抗物(也就是目的产物的结构类似物)抗性实验来筛选获得。因反馈调节作用被解除,所以能累积大量末端代谢产物。这种突变株往往是因为调节基因发生了突变,另外,这种突变株不易发生回复突变,获得的突变性能稳定性好,因此它在生产上被广泛应用。一般来说,在分支合成途径中不宜采用此方法直接选育高产菌株,而应先选取合适的营养缺陷型菌株,再选取具有一定结构类似物抗性的菌株,这样产量才会有可能得到大幅度的提高。

3. 细胞膜渗透性的调控

微生物的细胞膜对于细胞内、外物质的运输具有高度选择性。细胞内合成的目标代谢产物不能顺利地运到细胞外,所以积累的物质很自然地通过反馈调节作用限制了它的进一步合成。如果能采取生理学或遗传学方式,设法改变细胞膜的通透性,就可以使细胞内的代谢产物大量地运输到细胞外,从而可提高产量。比如,可通过限量提供生物素、添加脂肪酸类似物改变细胞膜的结构,进而改变膜的透性;还可以通过在发酵培养基中添加表面活性剂,或添加抗生素破坏细胞膜的完整性来增加细胞膜的通透性,以促进细胞内产物运输到细胞外。

五、微生物发酵工程的下游工艺技术

生物工业产品是通过微生物发酵过程、酶反应过程或动植物细胞大量培养获得的。从这些发酵液、反应液或培养液中分离、精制有关产品的过程称为生物工程下游技术。因此,生物工程下游技术是实现生物工程产业化的关键环节。当前,生物工程下游技术领域中,生物活性大分子物质的提取、分离及纯化技术、沉淀技术、浓缩技术、膜分离技术、生物反应器技术、各种色谱技术、各种电泳技术等各项技术发展迅速。

(一)微生物发酵下游技术的特点

微生物发酵液的性质和产品的性质决定了下游技术不同于其他化学产品的分离技术。而微生物发酵液是复杂的多相体系,分散在其中的固体和胶体物质具有可压缩性,其密度又和液体相近,加上发酵液黏度大,是属于非牛顿性液体。微生物的产品是生物大分子或生物小分子产品,其对热、酸、碱、有机溶剂、酶以及机械剪切力等是十分敏感的。这些因素决定了微生物发酵下游技术的特殊性,其主要特点为:①耗能高,发酵液中产品的浓度往往很低,而杂质含量较高,尤其是利用基因工程方法生产的蛋白质,常伴有大量性质相近的杂蛋白。从低浓度发酵液中分离产品,需要消耗较多的能量;②多单元操作,含目标产物的发酵液组成复杂,除产物外,还存在和目标产物分子结构、构成成分和性质非常相似的异构体,这种杂类物质的分离需经多种单元操作才能达到纯化产品的目的;③收率低,由于目的产物起始浓度低,杂质多,且对发酵产品的纯度要求高,需要多步操作,结果使产品的收率下降;④易失活,发酵产品是生物活性物质,对热、酸、碱、有机溶剂、酶以及机械剪切力等是十分敏感,易失活;⑤不稳定,微生物培养过程中,由于生物变异性大,各批发酵液中有效产物浓度、发酵液成分,以及发酵染菌程度等不尽相同,这就要求下游技术做出相应的调整;⑥费用高,像啤酒、发酵饮料等发酵混合产品,其下游加工过程所占成本一般为10%左右。小分子产品乙醇、有机酸、氨基酸、抗生素、维生素等这类产品的分离精制部分的投资占总投资的60%左右,而基因工程产品的分离纯化占整个生产费用的80%~90%。从这些数据可知,下游加工过程的代价是昂贵的。

(二)微生物发酵下游技术的一般过程

微生物发酵下游加工过程由多种化工单元操作组成。由于所需的微生物代谢产品不同,如有的发酵是为了获得菌体,有的是胞内产物,而有的是胞外产物。因此分离纯化的单元操作组合不一样。但大多数微生物产品的下游加工过程一般操作流程可分为四部分,即发酵液的预处理和过滤、初步提取、高度纯化(精制)和成品加工。

发酵液的预处理和过滤的目的是使发酵液的固－液分离,对于黏度较大的发酵液,如直接采用过滤技术,过滤过程耗时长,且过滤收率低。因此,常常通过凝聚和絮凝等预处理方法改善发酵液的物理性质,提高过滤效果。为了减少过滤介质的阻力,常使用错流过滤技术。如果所需产物是胞内产物,则需先进行细胞破碎,再通过过滤技术分离细胞碎片,使细胞固相和液相分离。

初步提取是将和目标产物性质差异大的杂质除去,去除的方法有沉淀、蒸馏、萃取和超滤等技术。根据产品的类型,可以单独使用这些方法,也可以多种技术联合使用。通过初步提取可以使产物浓缩,并提高了产品的纯度。

高度纯化是对初步提取的产物进行精制,此步操作是除去和发酵产物性质相近的杂质。采用的方法有层析法、电泳法、离子交换方法等。这些方法对目标产物有高度选择性,通过这些技术处理后,得到的产物的纯度较高。对于一些产品,如工业用酶产品,则无须经过高度纯化步骤。

成品加工是获得质量合格产品的最终步骤,加工方法有浓缩、结晶、干燥等方法。

六、发酵液的预处理及固液分离

发酵液的预处理包括:改善发酵液的可过滤性、去除无机离子和杂蛋白质、固液分离、细胞破碎等。

(一)改善发酵液的可过滤性

对发酵液进行适当的处理就可以改善其流动性能,从而降低了滤饼的阻力,使过滤与分离的速率提高。

改变发酵液过滤的方法主要有调酸(等电点)、热处理、电解质处理、添加凝聚剂、添加表面活性物质、添加反应剂、冷冻–解冻及添加助滤剂等。

1. 降低发酵液黏度

(1)加水稀释。

加入适量的水进行稀释,降低了发酵液的黏度,但也会增加悬浮液的体积,使得后续操作的负担增加。从过滤操作的效率来看,稀释后提高过滤效率的百分比必须大于加水比才有效果,即若加水1倍,则稀释后液体的黏度必须下降50%以上才能有效提高过滤速率。

（2）升高温度。

对发酵液进行适当的升温可以降低其黏度,使过滤速度提高。同时,适当的温度还可以使蛋白质凝聚,从而形成较大颗粒的凝聚物,更进一步提高了发酵液的可过滤性。

2. 调整 pH 值

pH 值能够直接影响发酵液中某些物质的电离度与电荷性质,通过适度调节 pH 值可以改善发酵液的过滤特性。通过此法可以使蛋白质等两性物质达到等电点从而除去。又如在过滤的过程中,发酵液中的大分子物质容易与膜发生吸附,改善 pH 值能够改变易吸附分子的电荷特性,从而减少膜的堵塞与污染。

3. 凝聚与絮凝

凝聚和絮凝技术能够改善细胞、细胞碎片等的分散状态,使小颗粒较快地聚结成较大的颗粒,从而提高了过滤的效率。此外,此法还能够去除一些杂质,提高了滤液质量。

4. 加入助滤剂

助滤剂的主要作用是疏松滤饼、吸附胶体、扩大过滤面积,增大了过滤速度。助滤剂的种类很多,常见的有硅藻土、纤维素、石棉粉与珍珠岩等。助滤剂的用法有两种:其一是在过滤介质表面预涂助滤剂;其二是直接加入发酵液,也可以两者兼用。

5. 加入反应剂

一些反应剂能够与一些可溶性盐发生反应并生成不溶性沉淀,沉淀能够防止菌丝体黏结在一起,使菌丝具有块状结构,沉淀本身具有助滤的作用,从而使得胶状物与悬浮物凝固,消除了发酵液中的某些杂质,使过滤流畅。例如,新生霉素发酵液、环丝氨酸发酵液等可以用氧化钙和磷酸处理,生成磷酸钙沉淀。

（二）去除无机离子和杂蛋白质

1. 高价无机离子的去除

高价无机离子的存在使离子交换树脂的交换容量降低，因此在过滤之前，必须清除发酵液中的高价无机离子。

（1）钙离子的去除。

若要去除发酵液中的钙离子，一般是加入草酸，但草酸的溶解度较小，不适宜用在用量较大的场合，因此又可选用可溶性盐来代替草酸。又由于草酸价格昂贵，一般需要回收使用，增加了工序。

（2）镁离子的去除。

已知三聚磷酸钠能与镁离子形成配合物，所以可以使用三聚磷酸钠去除发酵液中的镁离子。使用磷酸盐处理，也能够降低钙镁离子浓度。

（3）铁离子的去除。

发酵液中有铁离子存在，可加入黄血盐或硫化钠，铁离子能够与普鲁士蓝生成普鲁士蓝沉淀，而硫化钠则与铁离子生成硫化亚铁沉淀，从而将铁离子去除。

2. 杂蛋白质的去除

在有可溶性蛋白质存在的情况下，离子交换树脂的交换容量会有所降低，采用吸附法提取时的吸附能力也会受到影响；在采用有机溶剂法或双水相萃取法时很容易产生乳化现象，使液固两相分离不清；在常规过滤或膜过滤时，它还能使过滤介质堵塞或受污染，影响过滤速率。因此必须除去发酵液中的杂蛋白质。

（1）沉淀法。

蛋白质在酸性溶液中能与一些盐类（阴离子）形成沉淀，这类物质有三氯乙酸盐、水杨酸盐、钨酸盐、苦味酸盐、鞣酸盐、过氯酸盐等；在碱性溶液中，能与一些阳离子如 Ag^+、Cu^{2+}、Zn^{2+}、Fe^{3+} 和 pb^{2+} 等形成沉淀。因此，根据发酵液酸碱性质，向发酵液中投入以上各类物质，就可以去除杂质蛋白。

（2）吸附法。

一些吸附剂或者沉淀剂能够吸附杂质蛋白而将其从发酵液中去除。

（3）变性法。

通过加热、大幅度调节 pH 值、添加酒精等有机溶剂或者表面活性剂，都可以促使杂蛋白质发生变性而在发酵液中凝固下来。如在抗生素生产中，经常调节发酵液的 pH 值至偏酸性（pH 值为 2～3）或较碱性（pH 值为 8～9）范围使蛋白质凝固，通常情况下酸性条件下去除的蛋白质较多。

七、乳酸发酵

（1）同型乳酸发酵。有些乳酸菌经 EMP 途径将葡萄糖分解成 2 分子丙酮酸，丙酮酸作为受氢体，在脱氢酶作用下还原成乳酸，由于终产物只有乳酸，故称为同型乳酸发酵。

（2）异型乳酸发酵。肠膜明串珠菌经 PK 途径分解葡萄糖产生 1 分子甘油醛 -3- 磷酸和 1 分子乙酰磷酸，甘油醛 -3- 磷酸进一步还原为乳酸，乙酰磷酸变成乙酸。发酵产物除乳酸外，还有部分乙醇或乙酸，故称为异型乳酸发酵。

（3）双歧发酵途径。两歧双歧杆菌在双歧发酵过程中，葡萄糖除经 PK 途径分解外，其生成的葡萄糖 -6- 磷酸转变为果糖 -6- 磷酸，并在果糖 -6- 磷酸解酮酶的作用下，生成赤藓糖 -4- 磷酸和乙酰磷酸。后赤藓糖 -4- 磷酸经转酮醇酶和转醛醇酶的作用形成木酮糖 -5- 磷酸。该化合物在木酮糖 -5- 磷酸酮解酶作用下形成甘油醛 -3- 磷酸和乙酰磷酸，终产物为乳酸、乙酸（图 3-20）。

微生态制剂研究与应用

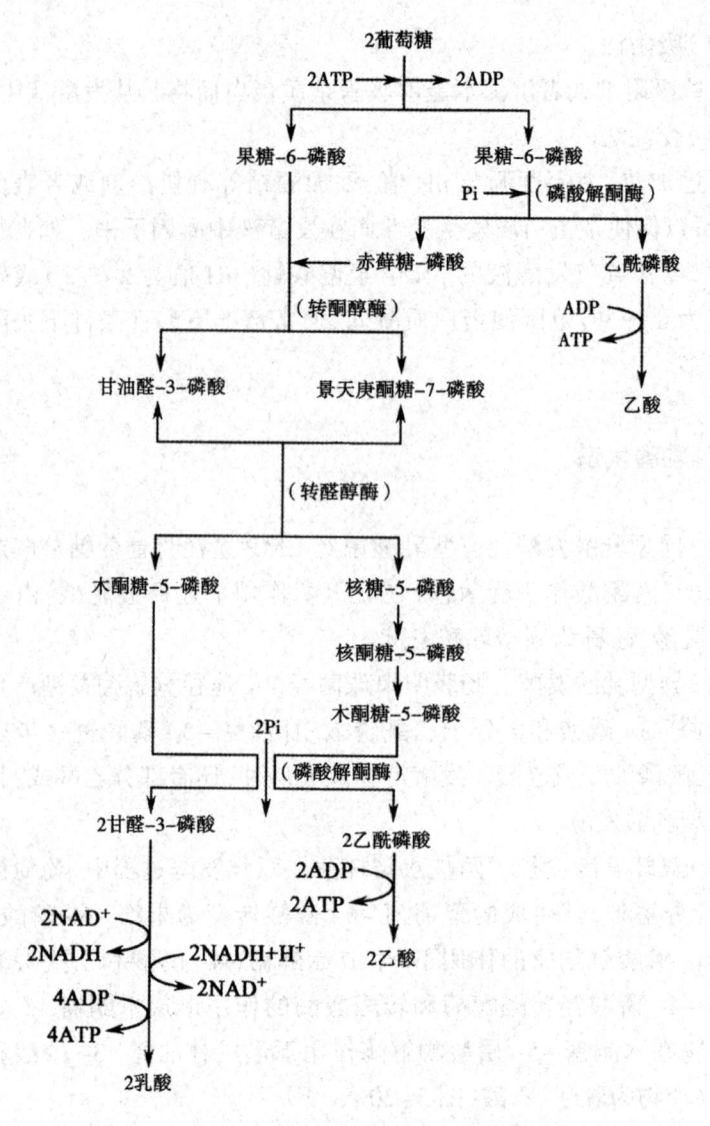

图 3-20 双歧杆菌乳酸发酵途径

第四章

微生态制剂在动物养殖方面的应用

农业是国民经济的基础,尤其是在以农业为主的中国,农业的地位更为重要。动物养殖是农业生态系统的重要组成部分,是能量、物质转化的中心环节,是农村经济的重要支柱。动物养殖业的发展不仅可以为广大城镇居民提供大量的动物性蛋白质,提高人民的营养水平,同时还可以使种植业剩余产品和某些废弃物得到有效的利用,又为种植业提供了大量的优质肥源,为农村经济的发展提供了条件。国内外大量的实践证明,农业越发达,畜牧养殖业的比重越大。

第一节　微生态制剂在畜禽养殖方面的应用

一、微生态制剂在畜禽养殖上的作用

多年来,我们通过大量的试验和研究,在多种畜禽上用复合微生态制剂所进行的实践表明,微生态制剂或微生物饲料添加剂在猪、鸡、牛、羊等食粮型动物和食草型动物上应用,都表现出增加产量、减少疾病、改善养殖环境和提高产品品质的显著效果,为建立资源节约型的生态畜牧业提供了一种可靠的生产技术。

（一）微生态制剂可促进畜禽生产性能的提高

生产性能,即肉、奶、禽蛋的产量和经济效益,对于广大养殖户来讲,是最为关心的。微生态制剂的使用可提高产品的产量,降低料肉（蛋）比,提高经济效益。

1. 提高育肥猪生产性能

在育肥猪生产中应用微生态制剂表明,微生态制剂能有效提高猪的生长速度,提升饲料转化率。饲喂微生物发酵饲料,除了能改善猪的生产性能,还能提高经济效益。

2. 提高母猪生产性能

微生态制剂能明显地促进母猪的繁育能力,主要表现在以下几个方面：刺激种畜发情,延长发情期；提高种禽的产蛋率、受精率、孵化率；提高种畜的受孕率、坐胎率和产仔成活率。

3. 提高肉鸡生产性能

复合微生态制剂饲喂能够显著提高肉鸡成活率和生产性能,改善肉鸡的屠宰性能,降低鸡舍内 NH_3 的含量,提高肉鸡养殖的经济效益。

4. 提高蛋鸡生产性能

饲粮中添加复合微生态制剂可显著降低蛋黄颜色,改善蛋品质及提高免疫能力,推荐剂量为 1%。

(二)微生态制剂能提高畜禽的免疫性和抗病虫害的能力

为了解决因集约化养殖导致的畜禽病虫害增加问题,抗生素等兽药的使用量越来越大。近年来,国内外正在积极研究采用微生态制剂防治畜禽疾病,以减少兽药的使用。研究表明,微生态制剂能有效地提高畜禽的免疫器官的免疫功能和抗病能力,尤其是对肠道性感染的防治作用更强。只要方法得当,少用甚至不用抗生素类药物,在养殖业上是可能的。

1. 育肥猪和仔猪疾病防治效果

相关研究表明,在仔猪上使用微生态制剂技术,仔猪毛色光亮、性格温顺,体质健壮,发病率降低。不仅如此,微生态制剂不仅在防治仔猪黄白痢方面有着神奇的功效,而且对防治猪阴囊炎、蹄炎、溃烂及皮肤红疹等也有一定的作用效果。

2. 鸡的防病效果

对蛋鸡的全生育期试验表明,应用微生态技术饲喂蛋鸡,鸡的毛色光亮、光滑,机体健壮,且应激反应不强烈,较温顺,抗病能力强,死亡率明显降低。可见微生态制剂对提高蛋鸡在生育期的健康状况、降低死亡率、减少抗生素的使用均有明显的作用。

(三)微生态制剂能去除畜禽粪便恶臭,改善生态环境

微生态制剂在畜禽养殖场,尤其是养殖专业村和大型养殖场使用,能有效去除畜禽粪便的恶臭,效果十分明显。同时,有益微生物在其生命活动过程中能产生大量的有机酸、抗生物质等,对蚊蝇等害虫的生长繁殖有较强的抑制作用,减少蚊蝇的滋生。特别是在炎热的夏秋之季,养殖场及其周边的恶劣环境将彻底被改变,有利于环境的保护和周边居民的身体健康。

1. 有效改善猪场内外空气环境质量

氨气是猪舍内空气中主要污染物,不论是对猪生长还是对工作人员身体健康都有不良的影响。研究表明,当畜禽舍内空气中氨气的浓度达到 19.76 mg/m² 以上,将对成年畜禽生长产生严重影响。选用微生态制剂对不同结构形式的猪舍环境的影响进行了研究。结果表明,采用微生态技术可有效降低猪舍内氨气的浓度:其中干清粪结构的猪舍氨气去除率达到 37.28%,而水泡粪结构的猪舍仅为 19.55%。[1] 水泡粪氨气去除率之所以较低,是由于猪舍粪沟内常年积累大量粪尿造成的。

与国家畜禽环境质量标准要求相比,微生态制剂处理后,氨气和硫化氢浓度低于国家标准。

应用微生态制剂处理后猪舍内苍蝇密度明显降低。

使用微生态制剂组的猪舍中苍蝇密度仅为对照舍的 53.8%。可见,使用微生态制剂可彻底改变养猪场臭气的内外环境,有利于环境保护,有益于人们的健康。

2. 猪场粪尿废水的生物处理研究

尿水污染问题一直是大型养殖场污染治理的重中之重。针对粪尿废水有机物含量高的特点,采用厌氧–好氧(A-O)相结合的方式,将微生态制剂作为生物强化剂加入废水处理工艺中。试验结果表明,对猪场的高浓度有机类尿废水具有明显的净化效果。

3. 去除鸡舍粪便恶臭

为了解决养鸡场粪便恶臭所带来的环境问题,国内外曾试验并推广过不少鸡粪处理方法,不仅工程投资大、运行费用高,而且效果都不太理想,尤其不适合我国目前形势下广大养殖户使用。采用微生态技术将饲料、饮水及圈舍喷洒相结合进行处理,就能很好地解决这个问题。

(四)微生态制剂能提高畜禽产品品质,是生产绿色食品重要技术之一

早在 20 世纪 70 年代,国外就开始对畜禽产品中抗生素等药物残留问题加以重视。改革开放后,国内对这一问题也开始加以重视,尤其是

---

[1] 李季,许艇. 生态工程 [M]. 北京:化学工业出版社,2008.

加入WTO后,产品质量与国际接轨,是关系到十几亿中国人生活质量和生命安全的大问题。

为了解决动植物产品中药残留问题,减少药物对人们身体健康的危害,各个国家都在积极研究和使用新的技术和方法,如培育优良的抗病新品种、研究开发高效低残留的普药,包括中药的合理应用等。而微生态制剂的科学使用不仅可有效防治畜禽的多种疾病,而且可以生产出无公害、营养丰富、达到绿色食品标准的畜禽产品。

二、微生态制剂在养殖上的作用机理初步分析

为了进一步分析微生态制剂在养殖业上多方面的功能作用,我们对其作用机理进行了多方面的研究,取得了重要成果。研究表明,饲料经过微生态制剂发酵之后,不仅能够提高饲料的营养成分,而且能使饲料软化、酸化、适口性好,畜禽喜食且容易消化吸收,转化率高,尤其是畜流感对蛋白质饲料的利用较充分。同时使得微生物菌群中的厌氧微生物得以繁殖扩大,更加有益于畜禽的健康生长。

(一)使饲料酸化软化,提高了饲料的适口性和利用率

使用微生态制剂发酵饲料,对饲料的pH有直接的影响,微生态制剂中的优势菌为乳酸菌,它们在生长繁殖过程中会产生一定量的有机酸,从而引起基料pH下降,酸度提高。

微生态制剂酸化饲料后,有可能通过降低胃肠道的pH改变有害微生物的适宜生存环境或直接抑制、杀死有害微生物,同时促进乳酸菌等有益菌的活动。这种双重作用,既减少了有害微生物的作用和对养分的消耗,又大大降低了消化道疾病,尤其是腹泻的发生率。微生态制剂发酵饲料中乳酸菌产生的乳酸也能参与动物体内代谢,可通过糖异生释放能量,并减少因脂肪分解造成的组织损耗。日粮的类型不同,酸化后产生的效果也不同。很多研究都表明:简单日粮酸化效果优于复杂日粮。所以应用微生态制剂发酵玉米-豆粕型简单日粮的效果,可能优于发酵其他复杂日粮的效果。

(二)微生态制剂对饲料中粗蛋白、纤维素含量的影响

微生态制剂发酵饲料后由于"浓缩效应"提高了饲料的粗蛋白相对含量,绝对量变化不大,但饲料中的 ADF 含量却显著降低,这表明微生态制剂发酵饲料后,饲料中的氮几乎没有损失,而且纤维素有一定程度的降解。这可能与饲料发酵的过程是微生物菌体的增殖过程,也可能与植物蛋白向菌体蛋白转化的过程有关,所以即使蛋白质的总量没有增加,但质量却显著提高了,因而提高了饲料中蛋白质的可利用效率。

(三)微生态制剂发酵对饲料中氨基酸和维生素含量的影响

微生物菌体中 70%～85% 为水分,干物质中主要成分是碳水化合物、蛋白质、核酸、脂类、灰分、维生素(维生素 B_2、维生素 B_6 及 β- 胡萝卜素等),营养价值极高,但维生素 B_{12} 稍显不足。在饲料中添加微生态制剂进行发酵后,使饲料中氨基酸和维生素含量有较大提高。

1. 维生素类

饲料经过发酵后,饲料中的维生素 A、维生素 B_1、维生素 B_6 含量均有所增加。

2. 氨基酸

微生态制剂在发酵饲料的过程中粗蛋白含量增加,氨基酸含量也有着明显变化。

饲料的发酵过程中,微生物能促进蛋白质降解为氨基酸,从而提高饲料的营养价值。有研究报道称,添加 1 kg 蛋氨酸就相当于添加 50 kg 鱼粉;在同等条件下,添加 0.2% 赖氨酸,育肥猪平均增重可提高 4.5%;每 1 t 配合饲料中,补充 1～2 kg 赖氨酸、蛋氨酸,蛋白质吸收率可增加 10%～30%,[1] 同时微生物在生长繁殖过程中产生一些原料中含量较低的生物活性物质,如维生素、促生长物质等,有利于动物的吸收利用,促进动物体的生长,这可能是微生态制剂促进动物生长的机理之一。

---

[1] 郝晋珉,赵明,牛灵安.区域绿色产业发展战略与实践[M].北京:中国农业大学出版社,2009.

（四）微生态制剂对饲料中酶活性的影响

微生物在其生长、繁殖、新陈代谢过程中产生的许多次生产物中含大量的生物活性物质，如酶类。其中意义较大的有淀粉酶、植酸酶、蛋白酶以及纤维素酶等。

1. 植酸酶

植酸酶作为饲用酶在20世纪60—70年代就有人开始研究。植酸酶又称肌醇六磷酸酶（phytase），属于磷酸单酯水解酶，是一种特殊的酸性磷酸酶，它能水解植酸释放出无机磷。

有研究报道，300 U植酸酶可替代无机磷的数量为1～2.2 g。以微生态制剂发酵的饲料产植酸酶活性最高时计，每千克发酵饲料中植酸酶活性可达320 U可替代1.06～2.35 g无机磷。

植酸酶不仅提高磷的生物价值，而且也能提高正电荷的钙、锌、铁、镁、铜等无机离子以及蛋白质的利用率，植酸酶的增加还可减少高价无机磷源的添加，从而在降低配方成本的同时，进一步提高合理、有效地开发利用植物性饲料资源的潜力，并可减少畜禽粪便中磷排放的25%～60%，对改良土壤、防止污染、保持生态良性循环产生积极影响。

2. 淀粉酶

动物体本身不能直接吸收利用大分子的淀粉，通过消化道内各种淀粉酶的作用，将淀粉降解为葡萄糖或麦芽糖等小分子的糖类物质才能吸收。在饲料或谷物中存在的淀粉酶一般是 α-淀粉酶、β-淀粉酶。自然界中的微生物也能产生这两类淀粉酶和其他淀粉酶。本节着重于研究微生态制剂对发酵饲料 α-淀粉酶、β-淀粉酶活性的影响。

研究表明：α-淀粉酶一直维持在一个较低的水平；随着发酵时间的延长，β-淀粉酶活性在3～6天较高，从第6天开始急剧下降，到第7天时的酶活性仅为最高时的1/3左右。分析其原因可能是，到第7天饲料 β-淀粉酶作用的底物含量减少。微生态制剂中的微生物在生长繁殖过程中可能产生淀粉酶降解淀粉供自身利用。

（五）微生态制剂对饲料中抗营养物质的影响

植酸又称为肌醇六磷酸酯，结构复杂，植酸的分子中含有6个磷酸基团，带有丰富的磷，植酸是磷的重要储存形式。正是由于植酸的分子上6个磷酸基团带有非常强大的负电荷，能与许多阳离子结合形成整合物，这种整合物不易分解，因此植酸的分子上的磷和阳离子不易被动物所利用。

植酸和植酸盐，不仅本身所含磷的可利用性低，而且它是一种重要的抗营养因子，它与蛋白酶抑制剂、凝血素、皂角素、单宁等多种抗营养物质一样，在饲料被畜禽采食后，能影响猪、鸡对矿物质元素和蛋白质的消化吸收利用。植酸在pH值为3.5～10时能结合二价和三价金属离子（如钙、锌、镁、铜、锰、钴、铁离子等），形成不溶性整合物，不能被消化道吸收。

（六）微生态制剂对饲料中磷的影响

饲料中的磷对于动物来说并不能被完全吸收利用。玉米、小麦等植物性饲料中磷的生物利用率以小麦为高，玉米、高粱较低。在我国饲料配比中玉米用量往往占50%以上。

随着发酵时间的延长，饲料中植酸磷的含量呈持续下降的趋势。

综合分析植酸、植酸酶、植酸磷以及饲料pH值，发酵饲料中植酸磷含量降低是植酸酶的产生、饲料pH值下降等共同作用的结果。

由于植酸影响了饲料中许多营养物质的有效性，如蛋白质、矿物质等，因此饲料中植酸磷含量降低的意义不仅限于提高了饲料中磷的有效性。

（七）微生态制剂防治畜禽疾病的机理初探

现在，国内许多从事养殖工作的人都逐渐认识到，微生态制剂可以防治某些畜禽的疾病，但在实际操作中，又会遇到各种各样的问题，尤其是为什么能防治疾病从道理上说不清。应该说，这其实是看起来简单实际上很复杂的问题。下面我们先从微生物的类群和数量、免疫器官等层面来进行初步的探讨。

第四章
微生态制剂在动物养殖方面的应用

1. 微生态制剂能调整畜禽肠道中的微生物区系,增加有益菌的数量、减少有害菌的危害

抑制并排有害菌,增加有益菌,维持肠道菌群平衡,这是微生态制剂的共性。很多试验都证明了乳酸杆菌、芽孢杆菌能增加动物肠道和粪便中的乳酸杆菌数量,降低大肠杆菌数量。饲喂复合菌剂的蛋鸡的盲肠内含物中大肠杆菌明显减少,而厌氧乳酸杆菌明显增多。能使肉仔鸡空肠的大肠杆菌数量显著降低($P<0.05$),但对空肠乳酸杆菌数、盲肠的大肠杆菌数未产生影响。

微生态制剂作为一种活菌制剂,它起作用的方式与抗生素有本质区别,微生态制剂依靠微生物间的竞争排序作用,抑制致病菌的生长繁殖,起到一种生态治疗的作用,不易产生耐药性,这也是微生态制剂优于抗生素之处。通过微生态制剂和抗生素对仔猪黄白痢疗效的对比试验可知,对于治疗肠道感染,微生态制剂可以代替抗生素,起到相当于甚至优于抗生素的疗效。同时通过微生态制剂对粪便中乳酸杆菌、大肠杆菌数量、沙门氏菌检出率的影响以及对患有黄白痢仔猪的治疗效果可知:微生态制剂进入机体后,有助于乳酸杆菌等有益菌的增殖,抑制有害菌,即微生态制剂具有一定的微生态调整和微生态治疗的作用。但是其具体的作用机理还有待深入研究。

2. 微生态制剂发酵饲料对畜禽免疫功能的影响

(1) 促进免疫器官的生长发育,增强器官免疫功能。一般来说,动物体的免疫系统包括器官免疫、细胞免疫和体液免疫三大部分,而微生态制剂对这三大部分都有显著的影响。

法氏囊又称腔上囊,是禽类特有的中枢淋巴器官,属于中枢免疫器官,是形成各种特异性B淋巴细胞的中枢淋巴器官,在淋巴细胞亚群的分化中起着关键性作用,对能合成和分泌抗体的浆细胞和B淋巴细胞的成熟极为重要。

脾脏、哈德腺及消化道、呼吸道、泌尿生殖道等部位分散的淋巴组织均属外围(二级)免疫器官,是T细胞、B细胞定居和对抗原刺激进行免疫应答的场所。脾脏发育不良对体液免疫和细胞免疫都会造成巨大伤害,微生态制剂能促进上述免疫器官生长发育,提高机体的免疫功能。

微生态制剂对免疫器官生长的刺激强度与微生态制剂的含量有关,在一定范围内,微生态制剂越多免疫器官越大。

此外,微生态制剂的品种不同,对免疫器官生长的刺激强度也不同。

(2)微生态制剂可提高畜禽的细胞免疫功能。微生态制剂对 T 细胞和 B 细胞激活有明显的增强作用($P<0.05$)。T 细胞是进行细胞免疫应答的主要功能细胞,B 细胞是进行体液免疫应答的主要功能细胞,但二者并非独立工作,而是相互作用,又各有分工,它们与体内的巨噬细胞、自然杀伤细胞(natural kiler cell, NK)等共同维护机体的正常免疫功能和健康状况。

微生态制剂增强 T 细胞或 B 细胞功能的可能机理是:微生态制剂是多种微生物的复合物,每一种微生物本身是一种抗原,对 T 细胞或 B 细胞具有激活作用。此外,微生态制剂还可以通过巨噬细胞的抗原提呈作用,对免疫系统发挥重要作用。研究表明,直接饲用微生物可以提高畜禽抗体水平或提高巨细胞的活性,增强免疫功能,它们能刺激肠道免疫组织或机体免疫器官生长,刺激机体产生体液免疫和细胞免疫。

(八)微生态制剂对畜禽粪便除臭机理的初步研究

微生态制剂在养殖业上应用的一个神奇的作用就是具有显著的除臭效果,对畜禽健康生长和环境保护有着积极的意义。微生态制剂除臭的作用机理主要有以下几方面。

1. 微生态制剂对蛋雏鸡氮排泄率的影响

畜禽类便中有相当数量的含氮物质,极易被腐败菌分解产生恶臭味,不仅污染环境,而且臭气所含的氨气和硫化氢等有害气体还严重危害畜禽的健康和生长。微生态制剂在畜牧生产中的应用,其有益微生物一方面可与畜禽肠道内的微生物协同作用,有效增强肠道的消化吸收功能,从而提高蛋白质的利用率;另一方面还可阻止外来有害菌的侵袭,竞争性地排压或抑制肠道内原有的腐败菌群,减少蛋白质向氨气及胺的转化,使肠内及血液中氨及胺的含量下降,减少随粪便排出体外的致病菌和氨等有害气体,改善了畜禽舍内空气质量,也减少了对环境的污染。

2.微生态制剂对猪粪堆放过程中腺酶及氮的影响

猪舍内臭气主要由氨气、硫化氢、类臭素等组成,氨气的来源是猪粪尿在微生物作用下,将粪尿中其他形态的氮转化成 NH_3 释放出来。猪类在堆放过程中由于微生物的活动,产生大量的有害、恶臭气体。为了探讨微生态制剂在猪粪堆放过程中对猪粪中氨态氮含量的影响,人们主要从猪粪的 pH 值和 NH_4^+-N 含量方面进行研究。

有研究证明,粪便 pH 和氨的释放有直接关系。当 pH<7 时,NH_3 释放很少;当 pH>8 时,NH_3 的释放加快。另有研究证明,分解氨基酸产生 NH_3 的微生物主要是革兰氏阴性菌,如大肠杆菌、变性杆菌、铜绿假单胞菌等,有些微生物如革兰氏阳性菌乳酸杆菌、双歧杆菌几乎不分解氨基酸。微生态制剂中的微生物优势菌群为乳酸杆菌、酵母菌,抑制了大肠杆菌生长,减少了因大肠杆菌分解氨基酸产生的 NH_3 的挥发,同时还降低 NH_3 挥发造成的空气污染和养分损失,这有利于堆肥过程中养分保存。

微生态制剂对猪粪堆放过程中 NH_4^+-N 含量的影响。研究表明,在猪粪堆放过程中,所有处理中的 NH_4^+-N 含量均呈上升趋势,其中微生态制剂处理组 NH_4^+-N 含量一直高于其他两组。其主要原因是微生态制剂组 pH 比其他两组要低,使得因微生物活动产生的氨,以 NH_4^+-N 形式积累,因而减少了 NH_3 的形成和挥发。

第二节　微生态制剂在水产养殖方面的应用

一、使用微生态水质调节剂应注意的事项

(1)微生态水质调节剂的选择最好选择使用土著菌株(从养殖水体中分离出来的菌株)。使用微生态水质调节剂后,土著菌株能够在养殖池塘水体中很好地定植,有利于菌体的自行繁殖、增量,不仅可以提高菌株使用效率,而且可以减少其以后的使用量,降低使用成本。因此,选择使用微生态水质调节剂的菌株时,首先应了解菌株是不是从养殖水体

微生态制剂研究与应用

中分离出来的,而且还应了解菌株适用于淡水、半咸水或海水;应根据养殖池塘水质的性质,选择使用适宜的菌株。

(2)根据用途和水质状况选择所使用的微生态水质调节剂。用于调节和改善养殖水生态环境时,选用光合细菌、芽孢杆菌、硝化细菌及其复合制剂等;用于防止疾病发生时,可选择使用蛭弧菌、双歧杆菌、乳酸菌。

当池塘水体中有机质多、氨氮含量较高和浮游单细胞藻类过度繁殖时,可使用光合细菌或以其为主的复合制剂(EM菌等);当池塘水体中氨氮含量较高时,可选择使用芽孢杆菌及其复合制剂;当池塘水体中氨氮、亚硝酸盐含量较高时,选择使用硝化细菌及其复合制剂。

(3)根据微生态水质调节剂的不同特性采取不同的使用措施。在微生态水质调节剂使用时,必须选择好施用时机及合理使用措施。为提高微生态水质调节剂的使用效果,应将微生态水质调节剂活化后,再施用;可将光合细菌和芽孢杆菌交替配合使用,先使用芽孢杆菌,再使用光合细菌,因为芽孢杆菌可将水体中的大分子有机质,转化为小分子有机酸、氨等,而光合细菌则能够利用一些小分子有机物作碳源来同化二氧化碳。采用微生态水质调节剂与沸石粉混合后施入的办法,这样可以保持池塘中光合细菌、枯草芽孢杆菌等微生态制剂的有效浓度,同时利用沸石粉的吸附作用和密度大的特点,吸附微生物制剂进入池塘底部,以达到水质和底质同时改善的目的。施用微生态水质调节剂时,不宜使用金属容器。

光合细菌宜在水温20℃以上的晴天使用,低温及阴雨天气时不宜使用;中性或偏碱水体,施用光合细菌的效果较好;在投入硝化菌时,应将其与沸石粉末混在一起,并将其沉入池底,以降低排放时的损失;芽孢杆菌和硝化菌都是好氧的菌种,它们应该在水中溶氧比较高的时候才能使用,在喷洒之前和喷洒过程中,都应该打开增氧机。在酸度较高的水环境中,光合细菌的生长受到了严重的阻碍,所以必须先施用石灰对水体进行处理,3~4天后调整水的体pH值使其达到适宜的酸碱度再使用。

(4)注意使用的连续性,坚持定期使用。相对来说,微生态制剂的治疗效果远远达不到它的预防效果。微生物菌群的繁殖及在水中形成优势群体是一个缓慢的过程,而且在一个固定的周期中,微生物繁殖达到高峰之后,其繁殖量就会逐渐下降。所以,要想取得理想的效果,必须坚持定期使用,通常来说,大概是8～15天一次。

(5)重视复合微生态水质调节剂的使用。市场上的水产微生态制剂有单一微生态制剂和复合微生态制剂。单一的菌种虽然生产起来相对简单,但是由于菌的固有功效,也只能有针对性地解决问题,比如硝化菌可以减少亚硝酸盐的含量。但事实上,当将微生态制剂用作水质综合改良剂的时候,它可以发挥出净化水质、降指标、增强抗病性、提高饲料利用率、维持生物多样合理性、改善肠道、促进生长等功能,而这些功能并不是一种单一的菌株可以实现的。

(6)提倡使用固体型微生态水质调节剂。根据不同的剂型,微生态制剂可以分为液态和固态两类。液体菌剂由于其制备方法简便、成本低、可直接喷洒等特点,在养殖业中得到了广泛的应用。但是,液态微生态制剂保存困难,时效短,且有一定量的培养基存在,在贮存、运输的过程中,微生物会不断地繁殖,导致大多数进入衰退期,甚至导致菌体死亡,活细菌的数量和实际效果都受到了影响。[1]

而固体型微生态制剂,可以让微生物进入休眠期,这就极大地提升了制剂保藏的安全性,同时还避免产出杂菌感染和各复合菌之间的竞争拮抗作用。此外,在使用之后,因为不同菌种的活化繁殖时间存在差异,而发挥出缓释的作用。微生物的活化会受水温、pH值、溶解氧等外部环境因素的影响,因此在活化过程中要考虑好使用时的条件,才能形成优势种群,起到应有的效果。固态微生物的干燥工艺较为复杂,因此其成本和价格都要高于液态微生物的价格,而且操作也较为烦琐。

以粉末、片剂为代表的固态微生物制剂比液态微生物制剂具有更好的作用,由于固态微生物处在休眠状态,所以可以进行预激活,然后进行预激活。因此,对于微生态制剂,建议采用固体粉末或片剂。

(7)注意菌体活力、菌体施用数量及使用周期。通常情况下,溶液中含有3亿个/毫升活细菌,粉末中含有9亿个/克活细菌,并且活性较高。此外,还需要留意制剂的保存期,通常情况下,由于贮存时间越长,活菌的数量就会越少,因此,贮存期不能太长,而且在开封后也要尽

---

[1] 李君丰,吴垠.不同种类微生态制剂在水产养殖中使用的有效性[J].中国微生态学杂志,2010,22(12):1147-1149.

快服用。如果要使用液态的商业配制物,也应该知道它的培育方法,即在海水养殖中最好使用海水培养的商品制剂,在淡水养殖中最好使用淡水培养的商品制剂。

为保持施用后菌体的数量,提高使用效果,第一次施用微生态水质调节剂时,用量可加倍。我们的研究结果表明,PSB 作为水质调节剂时,施用的效应时间和浓度分别为 8～10 天和 $6.68×10^{11}$ 个 $/m^3$;枯草芽孢杆菌施用的效应时间和浓度分别为 12 天和 $6.0×10^9$ 个 $/m^3$;EM 菌原液施用的效应时间和浓度分别为 7～10 天和 $4.0～5.0×10^9$ 个 $/m^3$。

在选择水质净化剂的时候,要看水质的肥瘦以及浑浊程度的大小。在生产过程中,要把握好初期的水温,在水质比较好的时候,用水量要小一些,间隔的时间可以长一些;也可以先施肥(肥料最好是用完全发酵后的有机肥),然后再用,这样既能提高微生物在水中的活性,又能提高其生长繁殖的优势,同时还能减少使用成本。

(8)推广应用微生态水质调节剂的新产品和新技术。提倡推广应用微生物固定化技术、生物絮团技术、生物膜技术等新技术、新方法,提高池塘水质环境质量的调控效果。

(9)禁止与抗菌药物及消毒剂等同时使用。微生态制剂是一种活菌制剂,可被抗生素、消毒剂、中药等多种药物所抑制或杀死。在使用了消毒剂等药剂之后,在药剂的有效期限内,不可以再使用微生态制剂,通常情况下,在使用了消毒剂之后,5 天后,养殖水体才可以再使用微生态制剂,使用抗菌药物 3 天后才可使用微生态制剂;同时在使用微生态制剂后的有效生长期内,尽可能地减少换水,也不应使用杀菌剂等药物。

二、微生态水质调节剂种类

(一)单一微生态制剂

1. 光合细菌

目前,被广泛用于水产养殖的紫色非硫细菌(红螺菌科),包括红螺属、红假单胞菌和红微菌等。其中包含了菌绿素和类胡萝卜素,因为不同种类的光合细菌所含类胡萝卜素的种类也不一样,所以细菌的培养液呈现为紫色、红色、橙褐色、黄褐色,所以也被称为紫色细菌。市面上销售的光合细菌主要是由几种红假单胞菌(沼泽、胶质、球形和绿色红假单胞菌)组合而成的复合菌。

利用光合细菌的关键在于:①提高和稳定水塘的水质。光合细菌不仅可以利用有机小分子化合物作为碳源吸收CO_2,还可以将硫化氢、氨气等有毒物质转化为CO_2。除此之外,光合细菌还可以促进一些微生物的生长,比如能分解大分子有机物的放线菌。结果表明,使用光合细菌可以直接或间接地改善池塘的水质和沉积物。特别是红曲霉更适用于改善水质。②光合细菌细胞中的营养素含量比酵母更高,是一种优秀的鱼类食物,特别是用于开口饵料或初期饵料。③由于光合细菌具有一定的抗病毒活性,所以对水产动物的某些病毒病有一定的预防作用。④在氨氮和亚硝酸盐水平较高的水体中,光合细菌能把氨氮和亚硝酸盐转换为亚硝酸盐。

在高有机质、低底质、有一定透明度的浅水塘中,光合细菌的作用更为显著。这是由于在高有机质的基质中,很容易形成缺氧的环境,同时也需要一定的透明性,以利于光合细菌的生长和繁殖。因为大部分的光合细菌产品都是活菌溶液,所以要尽可能用新鲜的液体来保持活菌的数量,这样才能更好地发挥作用。要对成品菌液进行保存,首先要逐步降低温度,之后将其储存在一个温度较低(15℃以下)且有一定光照的地方(每天至少2 h),之后再将其逐渐降低光照,最后将其放在阴凉避光的地方。如果菌液开始变黑,并且有恶臭,一般都是由活菌腐烂引起的。

2. 芽孢杆菌

目前,在水产养殖中应用最多的是枯草芽孢杆菌。枯草芽孢杆菌具有很强的活力和很好的代谢能力,它可以水解酪朊(酪蛋白)、明胶和淀粉,并利用柠檬酸将硝酸盐还原为亚硝酸盐。该菌株的适宜温度为30～40℃,最适pH值为7,具有较强的耐盐能力和较强的好氧生长能力。

枯草芽孢杆菌在水中繁殖后,会产生大量的胞外酶,它可以将养殖水体和底泥中的淀粉、蛋白质及脂肪等有机物进行分解,从而起到减轻养殖水体的富营养化和减少沉积物生成的效果。在腐解的过程中,部分有机质会被转换成细胞质,另一部分则会被转换成细胞质。在此基础上,研究了微生物代谢的最终产物氨气、NH_3 和 CO_2 在水体中的迁移转化规律。利用枯草芽孢杆菌对水中的多余有机物进行降解,从而降低氨氮浓度,并稳定其他各项理化指标,从而达到改善水质,维护养殖水体生态平衡的目的。尤其是在具有大量沉积物的陈旧池塘中,通过喷洒含有枯草芽孢杆菌的微生态制剂,枯草芽孢杆菌能够快速有效地分解池底沉积的淤泥、排泄物、残饵等有机废物,降低池水中的亚硝酸盐、氨氮和硫化氢浓度,进而提高水质,同时还可以补充有益微藻的营养成分,提高水体的颜色。将枯草芽孢杆菌制剂加入水中,能够对水中的一些有害病原菌起到很好的抑制和杀死作用,同时还能够提高有益菌群,从而实现对水产养殖病害的控制。

使用时需注意:①由于枯草芽孢杆菌能在水中大量摄取有机物,并将其分解成小分子有机酸和氨氮等。因此,有效地减少水体中的有机物,加快残饵,粪便等的分解,转化。②由于枯草芽孢杆菌属化能异养,需氧培养,过度投加会导致水环境缺氧。所以在应用枯草芽孢杆菌的时候,一定要开启增氧装置,确保水中有足够的溶解氧,这样才能促进它的生长和繁殖,从而加速它的功效。③市售的枯草芽孢杆菌大多为其芽孢休眠体,故先用塘水激活数个小时后,才能发挥更大的作用。④枯草芽孢杆菌在代谢时,除了能产生氨气外,还能把硝酸根还原成亚硝酸根,所以,当水体中有较高氨氮和较高 pH 时,应谨慎使用,避免引起氨气和亚硝酸根的毒害。在此条件下,可以采用 EM 菌等含有放线菌的复合菌种。

地衣杆菌、枯草杆菌、蜡样芽孢杆菌、东洋杆菌等都是常用的类型,一般都是将其制成活菌制剂,或者是将其与乳酸菌混合使用。

3. 硝化细菌

目前,硝化细菌已被广泛应用于水产养殖。为减少水中的亚硝酸盐含量,强化其向硝酸盐的转化,人们常利用亚硝酸盐氧化菌。现实中,水产养殖中利用的硝化细菌主要由硝化螺旋菌组成,也有可能是硝化细菌的混合培养。

通常情况下,亚硝酸盐和氨氮会对水质造成污染,对水产动物和动物都有毒性,也是导致水产动物和动物疾病发生的主要因素。但是,硝化细菌能够将氨氮和亚硝酸盐氧化为硝酸盐,并生成能够被海藻等吸收和利用的营养物,进而达到净化水质的目的。此外,在硝化细菌合成自身物质的时候,还可以同化和异化硫化氢,从而达到净化水质,改善池塘底质,维持良好的水产养殖生态环境的作用。然而,硝化细菌属于自养微生物,不能对外部有机质进行直接吸收,其生长速度慢,对外部环境的变化敏感。由于硝化细菌在水中生长周期较长,在氮素转化中起着重要作用,因而限制了其对亚硝酸盐的降解,同时也为其在水中的长期保存提供了有利条件。

在自然水体中,硝化细菌的数目很小,没有占据主导地位。在自然界中,硝化细菌的生长需要适宜的附着物才能获取所需能量,但目前人工湿地中较少适于其生长的场所,限制了其大规模繁殖,相对于其他异营腐生菌而言,存在着较大的不足。另外,由于硝化细菌的繁殖速率较低和生长时间较长,使得其在养殖水中的数量较少。所以,可以采用在养殖池中添加外源硝化细菌及应用固定化微生物膜技术来增加水体中硝化细菌的种群数量,从而达到减少水体中氨氮和亚硝酸盐含量,净化养殖水体环境的目的。

应用硝化细菌调节水质的关键点在于:①由于养殖水体中的氨氮浓度比工业废水要低得多,因此,所使用的硝化细菌对这一极低浓度的氨氮是否有高效的亲和力、更好的环境适应性和增殖能力是关键。所以,在选择这种类型的产品时,必须选择在使用中具有一定作用的产品。②养殖水体属于高碳低氮型,其自养硝化菌对氧气、养分等的竞争能力较异养菌株显著降低,并受到了一定的限制。所以,在投加硝化菌之前,应采用聚氯乙烯等化学絮凝剂或有机-无机复合絮凝剂等方法,对养殖水进行预处理;除此之外,尽量避免和光合细菌、枯草芽孢杆菌等制剂一起使用,否则会影响到它们的生长和繁殖。③硝化菌在其生长和增殖时,对碱性有一定需求。所以在使用的时候要注意控制好水中的 pH 值,最好调试的 pH 值大于 7。此外,过量的有机物也会在某种程度上抑制硝化菌的生长。

在 pH 值为 7~9 的条件下生活适宜,硝化菌在 pH 值小于 6 的环境中时对其生长不利;温度以 30℃为最佳;水体中的溶氧对硝化菌的活性有很大的影响,较高的溶氧水平有利于硝化菌的活性。光照条件下,土壤中的硝化菌在光照条件下生长和繁殖均表现出明显的抑制作用。所以,在施用硝化菌时,应考虑到水的溶氧和光照条件。

硝酸盐含量升高后会引起虾大量沉底死亡,病死虾腐烂分解导致底质和水质进一步恶化,亚硝酸盐含量不断升高,施用药物后,亚硝酸盐在升高一段时间达到峰值后迅速降低,说明所施用药物在改善底质和降低水体亚硝酸盐含量中起到重要作用。

总之,施用微生态制剂等使浮游植物大量繁殖,消耗 CO_2 引起 pH 值的一定升高而 HCO_3^- 降低。水质改良剂能快速降低水体氨氮含量,在氨氮含量较高时可采用水质改良剂进行急救。微生态制剂亦能较快速地降低水体氨氮含量。底质改良剂能吸附、转化底质中的有害物质从而改良水质但效果较缓慢。在水体中亚硝酸盐含量较高的情况下,可水质、底质改良剂和微生态制剂共同施用以快速降低亚硝酸盐含量。

4. 反硝化细菌

亚酸盐是水产养殖过程中产生的有毒有害物质,也是较强的致癌物质。水体中的亚硝酸盐浓度随着溶氧量和氯离子浓度的变化而变化。亚硝酸盐是水产养殖动物的重要致病源,低浓度的亚硝酸盐常使鱼体抵抗力下降,易患各种疾病;高浓度的亚硝酸盐甚至会造成鱼患褐血病而死亡。

为防止水生养殖动物因亚硝酸盐而发病,目前养殖生产上常用抗生素来控制疾病的发生。而抗生素的长期而大量使用,不但污染了养殖环境,造成养殖水生动物产品的药物残留超标问题,也促进致病菌产生耐药性,抑制了有益微生物的生长和繁殖,引起微生态的失衡。因此,利用反硝化细菌来转化养殖水体中的亚硝酸盐产生,从而控制养殖水生动物疾病的发生,已引起水产养殖科技工作者的关注。

当前,用于水产养殖的主要是好氧或兼性厌氧反硝化菌,其对氧气条件的敏感性较低。我国淡水渔业用水标准要求养殖水中亚硝酸盐不超过 0.2 mg/L,河虾和对虾育苗水中亚硝酸盐不超过 0.1 mg/L,因此,实践中亚硝酸盐的有效调控是实现高强度规模化养殖的关键。反硝化细菌可将水中的亚硝酸盐还原为无毒的氮,从而消除其对环境的污染;消耗氮养分,抑制藻细胞增殖,达到清洁水质,杀灭病原体,改善基质品质的目的。因而,在水产养殖中脱氮微生物的研究受到了越来越多的关注。

5. 酵母菌

目前,饲料酵母、隐球菌属、酿酒酵母、面包酵母、假丝酵母、脂肪酵母等已被广泛应用于水产养殖。

在 20～35℃和 pH 值为 3.5～6.0 的条件下,酵母菌的生长最好。所以,在中性或微酸的环境中,可以促进酵母菌的生长和繁殖;对水中的有机污染物进行了高效的降解,并通过酵母菌的发酵,使生物活性得到了极大的改善。

应用酵母菌调节水质的关键点在于:①在水产养殖水处理过程中,很少将其当作活菌制剂来使用,通常是将其用作复合微生物制剂的组成成分,其主要功能是对水质进行调节,并将其用于对一些大分子不溶解的有机物进行降解。②酵母菌在水体 pH 值和温度适合酵母菌生长的情况下,可用于改善水体的水质。其次,水质中的 C、N 比必须符合酵母菌的生长环境,否则过大的差异将会影响酵母菌的活性。

6. 放线菌

在水处理中,通常采用对动物和动物尸体有很好的降解作用,并对某些复杂有机物有很好的矿化作用的菌类,例如:小单孢菌和微球菌。放线菌可以产生多种抗生素,酶对水体中的某些病原菌有一定的抑制作用;可以将一些普通微生物不能完全降解的物质,比如:纤维素、木质素、甲壳素、腐殖质等。大部分放线菌在 23～37℃中最适宜生长,而在 50～65℃中最适宜生长,但也有部分放线菌在 20～23℃中生长良好。应用放线菌对水质进行调节的关键点在于:①由于放线菌独特的代谢机理,更适于作为基质改良的产物用于水产养殖。②为益生菌的生长提供了良好的条件。利用放线菌,可以促进其他有益微生物的增殖,改善水质。

(二)复合微生态制剂

1. 益生素

益生菌是一种新型的微生物菌剂,对水质的调节具有较好的综合效果。它的主要成分是芽孢杆菌、枯草杆菌、硫化菌、硝化菌、反硝化细菌等。它可以对水中及池底的有机质进行分解,对氨氮、亚硝酸盐、硫化氢等进行降解,从而提高了池底的厌氧环境,对养殖水体中的藻类进行了有效的抑制,从而维持了养殖微生态的平衡。

2. EM 菌

EM 菌(EM)是由日本的琉球大学首次开发出来的一种复合微生物活菌剂,由光合细菌、酵母菌、乳酸菌、放线菌和发酵丝状真菌组成,共 16 属、80 余种。在 EM 菌中,光合细菌能与其他菌种产生协同效应。

多种微生物在其生长过程中所产生的有益物质以及它们所分泌的分泌物,作为单独或相互生长的底物和原料,通过菌群之间的互惠共存,构成了一个复杂而稳定的微生态系统,从而极大地提高了 EM 菌的抗逆性,更有利于其多种功能的发挥。它可以对有害生物的生长和繁殖起到一定的抑制作用,同时还可以对水体中具有净水功能的原生动物、微生物及水生植物进行活化,从而起到良好的水质调节作用。EM 菌株在既能发挥优势菌株的增效效应,又能克服单一菌株存活能力低、作用单一、效应不稳定等缺点。从而为提高水产养殖水体生态平衡提供了新的途径。

应用 EM 菌的注意事项包括:①虽然 EM 菌株的复合效果很好,但是在应用过程中,还需要进行大规模繁殖,并形成一定的优势群体,才能起到更好的效果。②EM 细菌的发酵液中,EM 细菌的数量随发酵液成分和配比的变化而变化。如此一来,效果就不一样了。因此,在选择此类产品时,必须选择菌种成分合理、活菌含量高、功效好的产品。③在应用 EM 菌液时,由于菌液中的微生物通常都是休眠的,所以在应用之前,必须对菌液进行复壮和活化。采用糖蜜和厌氧的复壮方法,使菌液和糖蜜的浓度分别控制在 4%,恢复周期为一周。

3. 益水宝

益水宝(又称"高效芽孢杆菌")是由多种共生菌组成的复杂菌群,其主要成分为枯草芽孢杆菌。产品为粉末状,细菌群体在水中休眠,在水中复苏发芽并快速繁殖。其药效与肥海菌基本一致。

此外,还有如生物抗菌肽、高浓缩光合细菌、益生菌、蓝海养殖宝、玉垒菌、海可发、CBS 复合菌、clear-flo 复合菌系列、利蒙复合微生物制剂等都有较好的水质改良作用,也都是较为理想的水环境生物修复产品。

田功太等人[①]研究了不同浓度的EM菌原液对海参养殖水体的净化效果。结果表明,EM菌能显著降解氨氮、亚硝酸盐、磷酸盐、COD。此外,他们还研究了不同浓度的EM菌原液对海参养殖水体理化因子的影响,结果表明,EM菌对水体的溶解性固体(TDS)和电导率无显著影响,能显著增加水体氧化还原电位(ORP)、溶解氧(DO)、透明度(SD);添加EM菌原液4×10个/m³的试验箱效果最好,ORP和DO分别平均增加3.39%和26.20%,试验池塘的ORP、DO和SD分别平均增加8.38%、18.58%和54.69%,pH值在各试验箱均缓慢下降,但差别不显著,试验池比对照池平均下降3.94%,均值为7.79,仍在适宜范围内。

郑佳佳等人[②]研究了草鱼养殖水体中添加复合益生菌水质调节剂对水体水质和菌群的调节作用,结果显示,处理组的氨氮、亚硝酸盐氮和总氮浓度均低于对照组,但差异不显著;处理组硝酸盐氮浓度低于对照组,且在18天下降了56.59%;处理组的总无机氮含量低于对照组,且在15天下降了28.75%。处理组正磷酸盐和总磷浓度略低于对照组,无显著差异。15天水样的焦磷酸盐454测序结果与对照组相比,处理组菌群多样性更高,厚壁菌门和变形菌门分别减少了91.21%和21.75%,拟杆菌、放线菌和蓝细菌分别增加了288%、435%和848%。在变形菌门中,α-变形杆菌和β-变形杆菌分别比对照组提高了318%和18%,γ-变形杆菌比对照组降低了78.82%。研究表明,该复合益生菌具有一定水质调控功能,且能显著改变菌群结构。

---

① 田功太,刘飞,段登选.EM菌对海参养殖水体理化因子的影响[J].水生态学杂志,2012,33(1):75-79.
② 郑佳佳,彭丽莎,张小平.复合益生菌对草鱼养殖水体水质和菌群结构的影响[J].水产学报,2013,37(3):457-464.

第五章

微生态制剂在预防和治疗疾病方面的应用

微生物在维持人类健康中起着某种有益作用的说法虽令人兴奋,但并不新奇。早在100年前,科学家就已经观察到细菌之间存在一种对立互作的关系。提出非致病菌应该可以用于控制致病菌生长的理论。作为益生菌的第一倡导者,梅契尼可夫提出"自体中毒"的过程,认为肠道微生物在人体老化过程中扮演着致病因子的作用。进一步研究后,人们发现乳制品中乳酸的发酵会抑制致病微生物生长这一过程,而食用这些乳制品对人体可能会起着相同的保护作用。

微生态制剂是预防和治疗菌群失调的主要手段。目前微生态制剂主要有三类:益生菌、益生元及合生元(益生菌与益生元组合物)。学者们在初期把益生菌定义为能够促进肠内菌群生态平衡,对宿主起有益作用的活的微生物制剂,强调益生菌必须是活的微生物,其死菌及代谢产物则不包括在内。后期学者们将益生菌制剂作了更为详细的描述,认为应符合以下五个标准:①益生菌必须具有存活能力,并能进行工业化规模生产;②在使用和贮存期间,应保持存活状态及稳定;③在肠内或其他身体环境内具有存活能力;④必须对宿主产生有益的作用;⑤无毒、无害、安全、无副作用。益生菌主要来源于乳杆菌属、乳球菌属、双歧杆菌属和酵母菌属等。

益生元是不能由人体直接消化的物质,而是由结肠内的正常细菌分解、利用,可以有选择地促进结肠内有益菌的增殖,从而达到改善肠道

微生态制剂研究与应用

功能的目的,它主要有果糖、乳果糖、异麦芽糖、纤维素果胶及一些中草药成分。合生元是益生菌与益生元二者共同发挥作用的制剂,所添加的益生元能促进制剂中益生菌生长,又促进宿主肠道中原籍菌的生长与繁殖。

益生菌在各种作用机制中发挥着独特的作用,从而改变人体内微生物群的结构和功能。20世纪90年代初,诺贝尔奖获得者埃利(Elie Metchnikof)和亨利(Henry Tissie)提出了"益生菌治疗应用"这一理论,经过许多研究人员的进一步分析和验证,人们逐渐地意识到益生菌的营养价值和功能。

第一节　微生态制剂预防和治疗肠道疾病

人体的胃肠道在人体中占据着非常重要的地位,可以说是人体的第二大脑,它的健康影响着人体的身体和心理健康,人们的饮食习惯也在潜移默化中影响着肠道。流行病学调查数据显示,我国的便秘患病率为3%～17.6%,成人慢性便秘患病率为4%～6%,并随年龄增长而升高。存在不同程度的胃肠不适。另外,大肠癌在我国所有肿瘤的发病率中排名第五。然而日常生活中,肠道的健康却经常被人忽视。很多上班族为了工作长期熬夜、吃饭不规律、饮食不均衡,久而久之身体就出现各种问题,例如便秘、长痘、腰腹赘肉等。这些问题大多源于肠道问题。健康人的胃肠道内栖居着数量巨大、种类繁多的微生物,这些微生物统称为肠道菌群。肠道菌群的构成比例较为固定,不同菌种间具有相互依存、相互制约的关系,在种类和数量上达到生态平衡。处于健康状态的动物,消化道内存在一定数量的有益微生物,以维持消化道内的生态平衡和养分的消化吸收。动物若处于生理环境应激时,就有可能造成消化道内微生物区系紊乱,致病菌大量繁殖,出现临床病征。所以,益生菌在维持肠道菌群平衡或胃肠道健康中起着至关重要的作用。[1]

人体胃肠道是益生菌定植并发挥作用的主要场所,益生菌在肠道微环境中进行代谢活动,影响人体的食物药物成分代谢、细胞更新、免疫反应等诸多生理活动。大量的试验数据和临床案例证实了益生菌对胃肠道健康的积极作用。益生菌具有缓解便秘和乳糖不耐受症,以及减轻术后综合征的疗效。临床试验还显示,益生菌可以改善应激性肠炎和炎性肠病。益生菌的抑菌活性可以显著减少胃肠道中的致病菌和感染性疾病的发生。体内体外试验均显示了益生菌抗结肠癌和术后肠道改善的效果。各种临床试验表明,益生菌的影响根据不同的益生菌菌株、配

---

[1] 何熹.现代食品微生物学研究进展探析[M].北京:中国水利水电出版社,2018.

方、剂量和对象而异,此外,其预防效果要远远好于治疗效果。

益生菌在治疗或预防胃肠道疾病方面的研究是当今的热点问题。包括益生菌对肠易激综合征、感染性腹泻(包括院内感染)、炎症性肠病、坏死性小肠结肠炎、结直肠癌的发生和治疗这些疾病状态的影响,以及益生菌在降低肠道感染性疾病和过敏性疾病发生率、改善肠道功能和免疫状态等方面的作用。本节主要阐述了微生态制剂在溃疡性结肠炎、肠易激综合征和腹泻等方面的应用。

一、预防和治疗溃疡性结肠炎

溃疡性结肠炎的全称为慢性非特异性溃疡性结肠炎,是一种由不明因素导致的直肠和结肠慢性炎性疾病。病变位于结肠的黏膜层,且以溃疡为主,多累及直肠和远端结肠,但可向近端扩展,以致遍及整个结肠。主要症状为腹泻、黏液脓血便、腹痛和里急后重。溃疡性结肠炎与结肠克罗恩病统称为炎症性肠病。

(一)微生态制剂预防和治疗溃疡性结肠炎的原理

微生态制剂预防和治疗溃疡性结肠炎主要通过以下几个方面来实现。

增加肠道上皮细胞屏障功能:微生态制剂可以提高上皮细胞的抵抗性,促进黏液的排出,改善上皮细胞的糖基化表现,提高细胞骨架的坚固性,加强细胞间的连接,促进上皮细胞的重建,减少细胞凋亡,进行抗氧自由基反应。

调节免疫系统:微生态制剂增加免疫球蛋白的产生,抑制T细胞的反应,减弱吞噬细胞的活性,促进凋亡的免疫性反应,调控细胞因子的活性,诱导口服免疫耐受。

调整肠道菌群失衡:益生菌可以有效抑制病原体对肠道的附着和入侵,阻碍大肠埃希杆菌的生成,下调肠道的pH值,影响有机酸的构成,限制细菌移植,调整肠道菌群失衡。

(二)预防和治疗溃疡性结肠炎的常用药物

微生态制剂含有生理活菌和死菌菌体及其代谢产物,能改善宿主肠道的微生态平衡,用以预防和治疗溃疡性结肠炎。

常用的药物有以下两种。

(1)活菌制剂。该药品可直接补充正常生理性细菌,调节肠道菌群,能抑制肠道中对人体具有潜在危害的菌类甚至病原菌。常用的有单菌制剂,如整肠生、丽珠肠乐、促菌生等;多菌种联合制剂,如枯草杆菌二联活菌颗粒(妈咪爱)、双歧三联活菌(培菲康)、金双歧等。

(2)死菌制剂。应用灭活的细菌及其代谢产物制成药物,亦可调节肠道菌群失调,常用的有乐托尔等。

常用的微生态制剂见表5-1所示。

表5-1 常用的微生态制剂表[①]

药物名称	商品名	含有的菌株	用量用法	活菌或死菌
枯草杆菌肠球菌二联活菌肠溶胶囊	美常安	屎肠杆菌、枯草杆菌	每胶囊250 mg,每次1～2粒,每日3次,口服	活菌
地衣芽孢杆菌胶囊	整肠生	地衣芽孢杆菌	每胶囊0.25 g,每次0.5 g,每日3次,口服,首剂加倍	活菌
双歧杆菌活菌胶囊	丽珠肠乐	双歧杆菌	每次2～3粒,早晚餐后各服1次	活菌
嗜酸乳杆菌胶囊	乐托尔	嗜酸乳杆菌	每次2粒,每日2次,口服,首剂加倍	死菌
多维乳酸菌	妈咪爱	酸乳菌、双歧杆菌	每次250～500 mg,每日2～3次,口服	活菌
蜡样芽孢杆菌	促菌生	蜡样芽孢杆菌	每次2粒,每日3次,口服	活菌
双歧杆菌三联活菌胶囊	培菲康、贝飞达	双歧杆菌、嗜酸乳酸杆菌、粪链球菌	每胶囊210 mg,每次2～3粒,每日3次,口服	活菌
双歧杆菌乳杆菌三联活菌片	金双歧	长型双歧杆菌、保加利亚乳杆菌、嗜热链球菌	每次4片,每日2～3次。温开水或温牛奶冲服	活菌

[①] 刘绍能,张秋云.溃疡性结肠炎中西医诊治145问[M].北京:金盾出版社,2015.

续表

药物名称	商品名	含有的菌株	用量用法	活菌或死菌
双歧四联活菌胶囊	思连康	双歧杆菌、嗜酸乳杆菌、肠球菌、蜡样芽孢杆菌	每胶囊0.5 g,每次1.5 g,每日3次,口服	活菌
复合乳酸菌胶囊	聚克	乳酸杆菌、嗜酸乳杆菌、乳酸链球菌	每胶囊0.33 g,每次2粒,每日3次,口服	活菌
酪酸梭菌活菌片	宫入菌、米雅BM	酪酸梭菌	每次20~40 mg,每日3次,口服	活菌
布拉酵母菌散	亿活	布拉酵母菌	每次2袋,每日2次,口服	活菌

（三）治疗前景

动物试验和机制学说证了实益生菌制剂对炎症性肠病治疗的有效性,但临床应用上并未达到预期的效果,特别是对克罗恩病。益生菌制剂在克罗恩病的治疗和复发的预防中研究的结果并不一致。而对溃疡性结肠炎,研究证实乳酸杆菌、双歧杆菌和链球菌组合的益生菌制剂可以使患者受益。尼氏大肠杆菌在轻、中、重度溃疡性结肠炎患者中使用,有助于诱导及维持缓解。

益生菌的使用可以预防储袋炎的发生,并可降低应用抗生素成功治疗后的炎症复发。炎症性肠病,与结直肠癌、胃癌、非酒精性脂肪性肝炎以及自身免疫性疾病一样,存在基因、固有菌群以及环境因素的共同影响,存在很大的异质性。所以单一固定成分的益生菌制品难以在所有患者中获得疗效。

在炎症性肠病中存在160多个基因多态性,涉及黏膜屏障功能缺陷、黏膜愈合缺陷、细菌识别缺陷、细菌杀灭缺陷、免疫调节异常等多种功能异常。对于肠道内环境紊乱的患者而言,单纯利用传统的益生菌制剂抑制有害细菌生长可能会得到事与愿违的结果,而恢复内环境的稳态,补充固有菌群,如柔嫩梭菌和芽孢梭菌等反而效果更好。例如,炎症性肠病相关基因有一类可以调节黏液糖基化,如F/2可编码α-1,2-岩藻糖基转移酶,该基因异常与肠道菌群组成失调有关,在这种情况下改变肠道菌群状态、补充益生菌即可得到较好的治疗效果。

提取自益生菌或人工合成的益生菌的主要成分,能够保护整个肠道的内环境稳态,对于辅助炎症性肠病治疗也是有益的,例如,低聚果糖和菊粉就具有选择性增强肠道内生性固有菌群的生长和功能,从而减少有害细菌生长的作用,并可增加有益于肠黏膜上皮细胞代谢的短链脂肪酸的含量,有利于损伤黏膜的愈合。可见益生菌在炎症性肠病治疗中有广阔的应用前景,但仍需对益生菌的组成和如何实现个体化治疗进行进一步的研究。

二、预防和治疗肠易激综合征

肠易激综合征(irritable bowel syndrome,IBS)指的是一组包括腹痛、腹胀、排便习惯改变和大便性状异常、黏液便等表现的临床综合征持续存在或反复发作,经检查排除可以引起这些症状的器质性疾病。

益生菌是一类通过调整宿主肠道微生物群生态平衡来发挥生理作用的微生物制剂,已用于包括肠易激综合征在内的多种疾病的治疗,并取得了一定的效果。不过总体而言,益生菌用于肠易激综合征的治疗还主要限于实验研究阶段。但是,在益生菌治疗肠易激综合征方面有很多成功的案例可以证明益生菌与其的相关性。

肠易激综合征是临床上常见且难治的慢性病,应采取何种更全面、更系统的治疗方案呢?

首先是饮食调养。

饮食被认为是重塑肠道菌群的主要决定因素。有研究证实,饮食的确可对肠道菌群组成和细菌代谢产物产生影响。大多数肠易激综合征患者是由于食物导致的一系列症状,某些富含发酵性低聚糖、双糖和难以被消化的碳水化合物-多元醇的食物(fermentable oligosaccharides, disaccharides and monosaccharides and polyols,FODMAP)在部分IBS病人中可引发症状。

近期研究发现,低FODMAP饮食与IBS的症状和代谢物的变化有关。此外,FODMAP也被证明能改变组胺水平和病人的肠道菌群。研究人员对低FODMAP饮食和高FODMAP饮食的IBS病人进行观察比较:发现3周后与高FODMAP病人相比,低FODMAP组IBS症状指

微生态制剂研究与应用

数明显改善,氢气产生减少。通过尿液代谢分析评估,发现低 FODMAP 组代谢物组胺、基苯甲酸和壬二酸的含量明显下降;同时,低 FODMAP 组肠道细菌多样性增加,以放线菌的丰度增加为主;而高 FODMAP 组细菌相对丰度减少,以耗氧细菌减少为主。该研究表明,饮食疗法可以明显改善 IBS 病人的症状,机制与调节肠道免疫信号和微生物群的改变有关。[①]

其次是肠道菌群平衡的再恢复。

初步的研究证实,在肠易激综合征患者中存在肠道菌群的改变,但这种改变究竟是造成肠易激综合征发生的原因,还是肠易激综合征发生后所诱发的结果,目前尚不明确。在啮齿类动物研究中发现,益生菌能够影响肠道神经系统以及大脑信号转导,能够改善内脏痛觉反射。Mogyyedi 等人在 19 项随机对照研究中,对 1 650 名肠易激综合征患者使用益生菌治疗的研究进行了综述,结果指出益生菌对症状的改善显著优于安慰剂组。

近年来国内外一系列研究发现,补充益生菌能够改善肠道菌群的种类与数量,改变肠道微环境,调节脑肠轴,从而改善 IBS 的症状,提高生活质量。有研究证实,口服长双歧杆菌 AH1206 后能在 30% 的人肠道里稳定保持 6 个月以上。这意味着某些个体肠道中缺失的特定细菌种类和功能基因可被恢复,这为病人提供了精准和个体化菌群重建的机遇。一项荟萃了 21 个 RCT 研究的 Mata 分析显示,益生菌对 IBS 的疗效优于安慰剂(RR: 1.82;95%CI,1.27～2.60),其中尤以小剂量短程治疗反应更佳。一项编号为 ISRCTN15032219 的随机双盲对照研究纳入了 150 例便秘型 IBS 病人,给予多种益生菌混合制剂治疗 60 天后,治疗组的各项症状缓解率都明显优于安慰剂对照组,而且在停药后的随访期内仍能保持疗效。另一项编号为 NCT01613456 的随机双盲对照研究纳入了 379 例 IBS 病人,给予酿酒酵母菌 I-3856 治疗 12 周,结果 ITT 分析无效,发现仅在便秘型 IBS 亚组中显示有效,有统计学差异。

益生菌作用广泛、用药安全,已经广泛地用于临床,尤其是儿科消化疾病的治疗和 IBS 等功能性胃肠疾病的治疗。治疗过程中如何针对不

[①] 陈坚. 小细菌大健康　现代社会慢病微生态健康管理[M]. 上海:复旦大学出版社,2017.

同的个体及亚型选用有效的菌株、合适的剂量疗程及疗效的判定等还需要做更深入细致的研究。

当然,一种正在被各国临床逐渐重视的治疗方案也开始应用——粪菌移植(fecal microbiota transplantation,FMT)。FMT 的主要方式是把健康人的粪便菌转移到患者的肠道中,重新建立起患者的肠道微生态系统,使有益菌高效生长,限制或除去致病菌,进而实现治疗肠易激综合征的目的。粪菌移植是治疗艰难梭菌感染相关腹泻的一种既有效又安全的方法,曾被列为 2013 年的医学十大进展之一。

粪菌移植目前已经在炎症性肠病(IBD)功能性便秘、IBS 等方面初露端倪。Pinn 等人利用 FMT 治疗难治性 IBS 的研究中,13 名病人接受治疗后,70% 的病人症状缓解。尽管上述研究显示 FMT 对 IBS 治疗有效,但其疗效还有待通过大样本的研究进行验证。[①]

IBS 是最常见的一种功能性胃肠病,经过研究人员的大量实验发现肠道菌群影响着肠易激综合征的产生。随着对肠道细菌研究手段的不断进步,人们对肠道菌群与机体间维持稳态将有进一步的认识,从而能够研究出新的方法来治疗疾病、维护人类健康。

三、预防和治疗腹泻

(一)微生态制剂对于感染性腹泻的预防和治疗

在发展中国家(地区)进行的研究表明,急性感染性腹泻使用益生菌(布拉迪酵母菌、鼠李糖乳杆菌等),可以明显缩短腹泻的持续时间,对于持续性腹泻也可显著改善症状。同时,益生菌可以降低医院内抗生素相关性腹泻、轮状病毒感染性腹泻的发生概率(发生率降低 40%～60%),对儿童患者安全性较好。但益生菌对艰难梭菌感染引起的腹泻是否有效尚存争议。

(二)微生态制剂对于慢性腹泻的预防和治疗

益生菌有助于恢复肠道正常菌群的生态平衡、抑制病原体的定植和

[①] 马玉帛,李婷宇,曹海超,等.粪菌移植的临床研究进展[J].中华消化病与影像杂志(电子版),2016(1).

侵袭,有利于控制腹泻,服用方便、安全有效。酪酸梭菌产品有助于慢性腹泻患者康复的优势如下。

(1)特异性分泌酪酸、修复肠黏膜。

酪酸梭菌的最大特点是能特异性分泌酪酸,而酪酸是肠黏膜再生、修复的主要营养物质,并对肠免疫平衡起着重要的作用。Clausen Chapman 教授分别在 *Gastroenterology* 和 *Gut* 杂志发表的研究文章表明,在用葡萄糖、谷氨酰胺、酪酸三种营养物质进行的对比研究中,发现肠黏膜出人意料地优先氧化利用的营养物质不是葡萄糖、谷氨酰胺,而是酪酸,而谷氨酰胺和葡萄糖的利用率仅为酪酸的十分之一和百分之一,结肠 70% 以上的能量来源于酪酸的氧化。而酪酸来源于肠道产酪酸菌,如果产酪酸菌缺乏,必然导致肠黏膜的营养匮乏,造成再生和修复障碍。[1]

肠道有益菌主要寄生在肠黏膜上,因此,当肠黏膜受损发炎时,有益菌得以生存的"土壤"被破坏,影响其繁殖、生长。特别是慢性腹泻、溃疡性结肠炎及肠手术患者,肠黏膜均被严重破坏,能否快速根治的关键取决于能否快速修复好有益菌赖以生存的"土壤"——肠黏膜。由于酪酸是肠黏膜再生、修复的重要营养物质和能量来源,所以服用酪酸梭菌产品,能快速修复好肠黏膜,有助于从根本上治疗腹泻、肠炎、肠易激综合征及肠道菌群平衡、肠功能的恢复。

(2)消除肠黏膜炎症。

慢性腹泻及肠炎患者能否迅速恢复,还取决于发炎受损的肠黏膜能否迅速消除炎症。酪酸能够抑制炎症因子的异常表达,消除肠黏膜炎症,快速治愈慢性腹泻及肠炎。

(3)调节肠道菌群平衡。

酪酸梭菌能抑制肠道有害菌的生长,同时能分泌低聚糖酶,把多糖降解为低聚糖,促进双歧杆菌等有益菌的繁殖和生长,快速恢复肠道菌群平衡。

(4)提高免疫、抗病作用。

酪酸梭菌能显著提高机体的免疫功能,增强抗病力。

---

[1] 崔云龙.慢性腹泻的革命[M].北京:中国医药科技出版社,2013.

（5）合成维生素及消化酶的作用。

酪酸梭菌分泌多种消化酶，从而帮助食物消化、吸收、利用；同时还能在肠道内产生维生素 B_2、维生素 B_6、维生素 B_{12}、叶酸等多种营养物质，有良好的生理保健作用，有利于维生素 D、钙、锌、铁的吸收，起到营养保健的作用。

第二节　微生态制剂预防和治疗癌症

有研究表明，益生菌能够预防癌症和抑制肿瘤细胞生长，例如，乳酸杆菌可以在一定程度上促进巨噬细胞的活性，限制肿瘤细胞的生长。益生菌能够降低肠道中部分酶的活性，这些酶可能参与肠道内致癌物的形成。如 β- 葡糖醛酸酶、硝基还原酶、偶氮还原酶等。胆盐在肠道中遇上有害菌有解离的可能性，出现致癌物质，从而增大患肠癌的概率。而益生菌的存在会阻碍有害菌的生长，即便肠道中出现胆盐，也能有效降低肠癌的发生率。

面对癌症发生的可能性，人们不能恐慌，而是要以更加积极、科学的态度来有效预防癌症。一些癌症借助化疗的手段能够有较好的治疗效果，不过化疗也会造成许多副作用，如脱发、过度呕吐、疲倦、体虚、不孕及器官受损。所以化疗期间可以通过益生菌辅助治疗或者预防。

益生菌在癌症的防治中扮演什么角色呢？人体肠道中含有的细菌共同建立了一个非常小的化工厂，所含的有害细菌会把消化的食物和一些其他物质转化成致癌物，如亚硝胺、吲哚、酚类和二次胆汁酸。人们在日常的饮食中也会摄入某些含前致癌物和致癌物的食品，如腌、熏、烤、炸的食物。

亚硝胺：人们在平常饮食中摄入的亚硝酸盐，很大一部分都会随尿液直接排出人体，只有在一定情况下会被转化为亚硝胺。这里的一定情况涵盖着酸碱度、微生物和温度。因此，大多数情况下通过饮食摄入的亚硝酸盐并不会损害人体健康，只有在过量摄入亚硝酸盐，体内又缺乏维生素 C 的情况下，才会对人体造成危害。此外，长期食用亚硝酸盐含量高的食品,或直接摄入含有亚硝胺的食品,有可能诱发癌症。在人体胃的酸性环境中,亚硝酸盐也可以转化为亚硝胺。

研究人员通过大量动物试验发现,亚硝胺具有强致癌性,可以通过胎盘和乳汁引发后代肿瘤。同时,亚硝胺还有致畸和致突变的作用。亚硝酸盐广泛地存在于自然界中,尤其是在食物中。因此,亚硝酸盐每天都会随着粮食、蔬菜、鱼肉、蛋奶进入人体。

吲哚、酚类等致癌物:在动物蛋白中含有许多芳香类氨基酸,如色氨酸、酪氨酸、苯丙氨酸等,肠道中存在的有害细菌可以将这些氨基酸分解,释放出有毒代谢产物吲哚、酚类等物质。这些都是致癌物,所以在日常饮食中应少吃动物性食物,适当多吃植物蛋白和纤维含量丰富的食物。这不仅能够保护肠道,还可以在一定程度上预防癌症。

二次胆汁酸,即一旦有食物进入肠道中,肝胆便会释放出胆汁流入肠道,此时胆汁会与肠道中的细菌发生反应,产生二次胆汁酸,这是一种促癌物质。若存在排便不畅的情况,粪便在肠道中停留的时间会延长,这样一来,其中含有的二次胆汁酸和其他致癌物接触肠壁的概率更大、时间更长,导致增加了癌症发生率。

益生菌主要通过以下方式抑制上述致癌物。

第一,益生菌能够以结合、阻断或移除的方式抑制致癌物和前致癌物。另外,还能够降低将前致癌物转化为致癌物的细菌和转化酶的活性。总体来说,益生菌可以吸附致癌物,并可以进一步处理致癌物质,使其毒性降低。

第二,益生菌有助于让人体远离有害细菌和酶的影响,从而有效降低它们转化致癌物的概率。例如,益生菌可以显著减弱粪便酶的活性,有效预防结肠癌。双歧杆菌能直接抑制有害肠道细菌的活性,它还能抑制加工食品中含有的硝酸盐转变为亚硝酸盐。在一项关于结肠癌的研究中发现,喂食酸奶的测试动物在接触到致癌物质时,细胞的凋亡时间会延长。细胞凋亡是指程序化的细胞死亡,随着健康的细胞程序化地死去,它们将可能被新细胞所取代。如果细胞凋亡终止,癌细胞将很快扩散。[1]

第三,益生菌可以使肠道为酸性环境,调节肠道菌群,从而显著减少有害菌的数量、使胆汁的溶解性发生改变,抑制胆汁转化成二次胆汁

---

[1] 栾杰.益生菌[M].哈尔滨:哈尔滨出版社,2009.

酸。酸奶是很好的益生菌食品,有实验数据表明其具有一定的抑制肿瘤生长的作用。研究发现,服用含益生菌的酸奶可减缓癌细胞的增殖速度,并可抑制结肠中癌细胞的形成。在一项对动物的测试中,实验者测试了某一特定嗜酸乳杆菌株的抗肿瘤效果。首先在小白鼠的皮下注射了可诱发肿瘤的物质亚硝酸胺。其中实验组小白鼠每日摄入一定量的该嗜酸乳杆菌,对照组不摄入任何益生菌。到第26周时,喂养了益生菌的那组小白鼠被证实肿瘤的发生显著减少;到第40周时,喂养了益生菌的那组小白鼠产生肿瘤的情况比对照组的小白鼠要低得多。研究者认为,这是由于该嗜酸乳杆菌刺激了免疫成分的产生,它们均被认为是可杀死和抑制肿瘤细胞的成分。

另外,益生菌也能与异常细胞发生反应。益生菌可以激活免疫系统,使免疫应答更加有效。若人体中产生了异常细胞,免疫系统能够迅速监测到,进而开始免疫反应。免疫细胞释放出的肿瘤坏死因子、白细胞介素和干扰素都能在一定程度上对抗肿瘤。

近些年来,癌症治疗的常用方法是放射性治疗,但所需的费用较高。放射性治疗后的常见副作用是皮肤灼伤和肠道菌群失调。腹腔内的放射性治疗常常导致有益菌的大量死亡,而病原细菌的过度生长最终会导致严重的炎症和肠渗漏。所以,腹泻和肠道感染也属于放射性治疗的副作用。在进行放射性治疗时,每日摄入含益生菌的酸奶或益生菌类的膳食补充剂可有效地帮助人们排除和缓解此项治疗对胃肠道系统产生的毒副作用,从而使机体更快地恢复到良好的状态。

一、预防和治疗结肠直肠癌

结肠直肠癌(CRC)发生的场所充斥着大量的肠道菌群,菌群的数量、种类、存在的部位及其代谢产物均影响结直肠癌的发生。肠道菌群与结肠直肠癌发生的关系已成为学者们关注的热点问题。许多研究都表明肠道菌群在CRC发病中起重要作用,而微生态制剂在CRC防治过程中也得到了一定的应用。现就CRC发生过程中肠道菌群的变化、可能的作用机制、饮食对肠道菌群的影响以及微生态制剂对CRC的防治作用等相关研究逐一进行介绍。

大量研究结果证实环境因素,如肥胖和饮食习惯等,与结肠直肠癌的发生密切相关。而这些环境因素又会引起肠道固有菌群的失衡。一项发表于 Nature 期刊的研究证实,特定大肠杆菌菌株产生的一种毒素会损伤肠道细胞的 DNA,是导致宿主肠道癌变的第一步。

人体的肠道内存在着大量、不同种类的微生物,其中有数量达 100 万亿的,涵盖了 1 000 多种细菌、病毒、真菌等。微生物能够有效地调节宿主的新陈代谢反应,如吸收未消化的碳水化合物、帮助建立肠道的屏障功能以及针对外来病原进行合适的免疫应答等。在健康的生理状态下,肠道微生物和宿主能够和谐共存。随着相关人员研究的不断深入,发现肠道菌群和一些疾病存在直接或间接的联系,如炎症性肠病、结直肠腺瘤、CRC 等。现发现与 CRC 的发生相关的可能病原菌主要包括具核梭杆菌、致病性结直肠杆菌、脆弱拟杆菌等。CRC 患者与健康人相比,总的菌群结构相似,但是 CRC 患者菌群多样性较低,乳杆菌含量较多,普拉梭菌(faecalibacterium prausnitzi, FP)较少。Castellarin 等人利用定量 PCR 对 99 例结肠癌组织进行分析,发现具核酸杆菌明显增加,并且与淋巴结转移呈正相关。具核酸杆菌能增加胶原酶-3 的产生,促进上皮细胞迁移。Sana Pareddy 等发现在腺瘤患者的直肠黏膜标本中存在潜在病原体,如假单胞菌、幽门螺杆菌、不动菌属以及一些变形菌的生长。Luan 等人甚至发现腺瘤性息肉的活检标本与其邻近的正常黏膜标本中的真菌菌群亦存在明显差异。这些研究均提示,肠道菌群构成的改变在 CRC 的发病中起重要作用。

动物试验也指出传统小鼠与无菌处理小鼠相比较,结直肠癌发病率更高且肿瘤体积更大。这些试验结果均指出肠道固有菌群与结直肠癌的发病相关,但两者之间的因果关系尚不清楚。有学者研究指出,产肠毒素 B 脆弱杆菌可以靶向引起 E-cadherin(钙依赖性跨膜蛋白)分解,促发肠道炎症反应,增加结直肠癌的发病风险。也有研究指出与健康人群相比较,结直肠癌患者肠道菌群密度减少、组成改变、具核梭杆菌数目增多。

动物试验证实,益生菌对癌前病变和肿瘤有一定疗效,其潜在机制可能为改变肠道固有菌群及其代谢、改变肠道 pH、降低某些癌基因的活性、增强机体免疫应答、减轻肠道炎症、降低上皮增殖速度并促进凋亡等。

生物标记研究指出,合生元益生菌可以减轻粪便在水中代谢产物引起的基因毒性损伤。目前的研究一致认为,合生元益生菌制剂在影响和改变结直肠癌发病风险方面,比单一的益生菌或益生元制剂效果要好。对肿瘤治疗而言,益生菌制剂有助于减轻肿瘤放疗和化疗的副作用。动物试验中发现给无菌小鼠或使用抗生素处理的荷瘤小鼠食用益生菌和益生元制剂,更容易对放疗产生耐受。鼠李糖乳杆菌可以通过TLR2途径、COX-2、MyD88依赖模式减轻肠道损伤和促进肠上皮细胞凋亡。

益生菌在预防和治疗CRC方面有一些基础性的理论研究和临床上的支撑,有较为宽广、良好的应用前景,肠道中菌群发生改变在以后的治疗中能够用来预测和评价宿主患CRC的概率,同时,采用微生态制剂,将为CRC的预防和治疗开拓新思路和方法。然而长期应用益生菌预防CRC发生是否有效,以及益生菌制剂的安全性等问题都有待进一步探讨。人们使用益生菌已经有较长的时间,但是由于益生菌的多种作用机制,导致在使用过程中有一定的危险性,包括过度的免疫激活、有害的代谢活动、感染、致病菌的移位等。关于益生菌的安全性方面,更多的相关基础研究和临床调查有待进一步深入。

二、预防和治疗胃癌

有研究人员挑选了60例胃癌患者开展研究,把他们随机分成了四组,并补充不同的营养,发现进行微生态肠内营养的患者与进行常规补液肠外营养、普通肠内营养的患者比较来看,他们外周血内毒素肿瘤坏死因子(TNF)的水平及淋巴细胞计数发生变化,粪便菌群失调情况得到了显著的改善。结果说明,益生菌能够有效改善胃癌术后患者的免疫能力,减少感染的发生。Linsalat等人通过实验发现鸟氨酸脱羧酶(ODC)和亚精胺/精胺N1乙酰基转移酶(SSAT)在聚胺的合成、分解代谢过程中发挥着重要的作用,它们的存在影响着发生癌症的可能性,也用来判断肿瘤的扩增情况。该实验还表明鼠李糖乳杆菌LGG匀浆会使ODC的mRNA的含量减少、活性减弱,同时会使SSAT的mRNA的含量增多、活性增强,从而使聚胺的含量明显减少、肿瘤的扩增得到有效的限制,因此,可以使用LGG来预防、治疗胃癌,并且可以克服其他治疗会产生的副作用。

三、预防和治疗乳腺癌

利用鼠李糖乳杆菌和膳食纤维可以在很大程度上避免利用 5-氟尿嘧啶治疗结肠癌导致的副作用,研究人员提出这同样可能用于治疗乳腺癌。厌氧细菌更倾向于缺氧环境下的肿瘤细胞,会导致肿瘤细胞发生裂解,直至死亡。这为今后乳腺癌的治疗提供了新思路和新方法。除此以外,用干酪乳杆菌喂养患有乳腺癌的小鼠,结果表明干酪乳杆菌可以在一定程度上控制肿瘤的发展,促进迟发型超敏反应的炎症效应,这意味着进一步提高了免疫应答的效率。益生菌借助诱导宿主细胞中的 NF-κB(核因子激活的 B 细胞的 κ-转链增强)信号传导途径得到的细胞因子,调节了免疫应答中 Th1 和 Th2 平衡,增加了迟发性过敏反应的炎症反应,所以益生菌很可能有效地辅助乳腺癌免疫疗法。

第三节 微生态制剂在食物过敏和乳糖不耐症方面的应用

一、微生态制剂在食物过敏方面的应用

食物过敏是由于摄入特定食物后出现呕吐、腹泻和皮肤起疹等不良反应的一种。一般的食物过敏,过一段时间能够自愈,而比较严重的食物过敏如果不进行及时有效的抢救,就有可能导致死亡。比较严重的食物过敏甚至会造成喉头肿大引发窒息、急性哮喘大发作、过敏性休克。食物过敏有可能会损害到人体的其他器官,如口腔、消化道、呼吸道、皮肤及心血管等,导致不同的症状,因此对食物过敏千万不能掉以轻心。

导致食物过敏发生的原因涉及以下方面。一方面,表现出过敏性体质的人具有的胃肠功能较差,肠壁有较大的通透性,因此,会出现把没有来得及消化的大分子物质(如食物抗原)以完整蛋白的形式被肠屏障吸收,进而运送到身体各个部位,激发人体的免疫系统,使所在器官表现出过敏反应。另一方面,肠道是人体最大的免疫系统,其对于属于身

体营养成分的物质进行监视,而抑制机体对其发生免疫反应,这种免疫调节机能亦被称为"经口免疫耐受性"。人体能够放心地摄取营养,与这种免疫调节功能密不可分,否则就会导致食物过敏。

简单来说,食物过敏反应是一种借助 IgE 进行的速发型变态反应。肠道食物过敏反应同肠道局部的 IgE 免疫反应有很大关联,有实验证实,发生食物过敏的人体中肠腔液和大便中的 IgE 明显上升,十二指肠黏膜组织所含的 IgE 阳性细胞数量也显著上升。

若免疫调节机能重新达到稳定状态,便能够有效避免产生食物过敏反应。研究人员经过大量实验发现乳酸杆菌具有该功能,以小鼠脾脏为样本进行的实验得出以下结论,乳酸杆菌的菌体诱导 IL12(白介素 12)这种细胞因子对辅助性 T 细胞有增强作用,明显地对 IgE 制作发生抑制作用。

能够有效避免过敏反应的另一种抗体为肠管分泌的 IgA,IgA 存在于黏液中,附着在肠黏膜上,能够有效防御致病菌的进入,还能够避免食物中含有的抗原进入肠道,不会引发无用的过敏反应。

存在于人体内的五类抗体中,含量居首位的是 IgA 抗体,一般一天产生 70 mg 左右。因而,IgA 不足更易于产生过敏反应。对于有效地增加人体内 IgA 含量、抑制食物过敏的发生方面,研究人员获得了很大的突破。

乳酸菌和双歧乳酸杆菌能够有效地激活人体的免疫机制。有些人可能会有这样的疑虑,过敏体质的人服用乳酸菌和双歧乳酸杆菌后是否会使过敏反应更严重。这里可以明确地指出,并不会引起或加重过敏反应,这是由于乳酸菌和双歧乳酸杆菌能够改善人体免疫机制,进而使人体内部的免疫反应稳定。

二、微生态制剂在乳糖不耐症方面的应用

(一)概述

乳糖是哺乳动物乳汁中特有的糖类,它由 1 分子 $D-$ 葡萄糖和 1 分子 $D-$ 半乳糖以 $\beta-1,4$ 糖苷键结合而成的双糖,能够为人体提供能量,对人体具有重要的生理机能。

乳糖酶,别名β-半乳糖苷酶,能催化乳糖水解,生成半乳糖和葡萄糖后,易被肠道吸收。由于遗传功能紊乱造成的合成乳糖酶的功能失灵,会引起先天性乳糖酶缺乏。

葡萄糖是人体各组织器官代谢的能量主要来源;半乳糖则是人大脑和黏膜组织代谢时必需的结构糖。乳糖酶还可在人体内使半乳糖和其他单糖(如葡萄糖、果糖等)聚合而成低聚糖,这是一种分子量较低、黏稠度较差的水溶性膳食纤维,其在肠道中仅与双歧杆菌发生反应,并不会与腐败细菌结合,基于该原理能够有效抑制肠道中有害毒素的形成,有助于预防便秘和腹泻。

牛奶含有适量的脂类、蛋白质、乳糖、无机盐和微量的维生素,是一种最接近人体需要的、完善的营养食品。牛奶中所含的乳糖需要通过人体中乳糖酶的催化作用,水解为葡萄糖和半乳糖,才能被人体吸收。实际上,有相当一部分人体内并没有这种酶,饮用牛奶后常会引起对乳糖的消化不良现象,出现腹胀、肠鸣、排气、腹痛、腹泻等症状,医学上称之为乳糖不耐症。

因为饮食习惯的差异,不同地区出现这一症状的比例也有所不同,欧洲地区为7%～20%,非洲为50%～85%,亚洲为90%～100%。益生菌则主要通过降低各种不耐受症状以及通过延缓口腔与盲肠之间的运输来提高乳糖的消化水平。在发酵过程中,大多数非致病菌,包括乳酸杆菌属的几种菌株(例如保加利亚乳杆菌)和嗜热链球菌都可产生乳糖酶来水解乳糖。由此可以看出,摄入的益生菌在肠道中发挥着乳糖酶的活性,从而促进消化和减轻不耐受,这些效果在成人和儿童中均有得到良好的体现。

(二)乳酸菌代谢乳糖及缓解乳糖不耐症的机制

1. 乳酸菌代谢乳糖的机制

乳酸菌一般采用以下两种方式实现乳糖代谢。乳酸乳球菌和干酪乳杆菌的细胞中具有输送乳糖的磷酸烯醇式丙酮酸磷酸转移酶系统(PTS系统),乳糖以磷酸乳糖为载体进入细胞,再由磷酸β-半乳糖苷酶水解出了葡萄糖和6-磷酸半乳糖。葡萄糖由葡萄糖激酶转化为6-磷酸葡萄糖,接着经由糖分解途径进一步分解;6-磷酸半乳糖经由6-

磷酸塔格糖途径分解。乳糖磷酸烯醇式丙酮酸转移酶系统和磷酸 β- 半乳糖苷酶通常都是诱导酶,它们具有的活性会受到葡萄糖的抑制。另一种方式为,借助乳酸菌细胞膜上的乳糖透性酶,让乳糖进入细胞内,接着由 β- 半乳糖苷酶水解出了葡萄糖和半乳糖,从而参与到人体的代谢中,最后会被分解出乳酸和其他有机酸。[①]

2. 乳酸菌缓解乳糖不耐症的机制

乳酸菌主要从以下方面来缓解乳糖不耐症。

(1)乳酸菌能产生 β- 半乳糖苷酶。

乳糖由 β- 半乳糖苷酶水解出了葡萄糖和半乳糖,最后被分解出乳酸和其他有机酸。此种酶进行水解反应的同时也进行着转糖苷反应,能够得到发挥着多种生理机能的低分子聚半乳糖,前面已经提到,其在肠道中仅与双歧杆菌发生反应,并不会与腐败细菌结合,能够有效抑制肠道中有害毒素的形成,有助于预防便秘和腹泻。

(2)延缓胃排空速率,减慢肠转运时间。

胃排空速率和肠转运时间被延缓,这会适当增加小肠乳糖酶和 β- 半乳糖苷酶与乳糖发生水解反应的时间,在一定程度上增强了乳糖的水解率、减轻了乳糖的渗透负荷,进而缓解了乳糖不耐症。

(3)改善肠道微生态平衡。

人体对乳糖的耐受程度与肠道形成的微生态密切相关。肠道微生态的变化会导致人体出现乳糖不耐症的胃肠道症状,若不能由小肠完全消化与吸收的乳糖输送到结肠,会与结肠内的细菌发生反应产生大量的短链脂肪酸而发生腹泻,同时也会释放出大量气体而导致胃肠胀气、肠鸣和腹部绞痛等症状。乳酸菌能够分解出乳酸、过氧化氢和细菌素等抗菌类物质,使肠道的局部 pH 值下降,拮抗沙门菌属、李斯特菌属、弯曲菌属、志贺菌属和霍乱弧菌中的一些菌株及产气荚膜梭菌、大肠埃希菌等的生长,调节肠道微生态,使其更加稳定。

改善乳糖不耐症的最普遍方法就是食用酸奶,酸奶是在牛奶中加入一些乳酸菌经过发酵得到的。通过发酵反应可以分解牛奶中 20%~30% 的乳糖,同时也会分解牛奶中的蛋白质和脂肪,使其成为更

[①] 宋茂清. 益生剂及其功效[M]. 北京:科学技术文献出版社,2018.

小的组分,这对胃肠的消化吸收有好处。同时,酸奶的黏性高,通过胃肠道的时间长,所以有利于肠道细胞上残余乳糖酶与肠腔中乳糖的接触,帮助了乳糖的进一步消化。乳糖不耐症患者通常对酸奶都有较好的耐受性。大多数患有乳糖不耐症的人摄入相同含量的酸奶和牛奶后,摄入酸奶的人很少有腹泻、胀气、排气,甚至是腹绞痛等症状产生,所以酸奶确实是乳糖不耐症患者的最佳食品。

补充益生菌时,首先,要明确补充益生菌的目的是什么。如果是想补充一些营养,没有明确的目的性,那就可以在用餐的时候一起食用。如果是为改善乳糖不耐症,那就应该在饭前补充益生菌,以便利用消化液释放酶。但需要注意的是不要在饭前太早补充益生菌,以免益生菌被胃里的胃酸破坏掉。

第四节　微生态制剂在泌尿生殖系统健康方面的应用

一、益生菌制剂预防和治疗尿路感染

尿路感染也属于常见的女性感染之一。所谓尿路感染,是指病原细菌在尿道的过度生长,它通常发生在患细菌性阴道炎或阴道内霉菌过度生长的女性体内。尿路感染是由源自肠道的革兰氏阳性菌所引起的,特别是尿道病原菌、大肠杆菌(约占85%的病例),还有粪肠球菌、腐生葡萄球菌(*Staphylococcus Saprophyticus*)。据调查报道,尿路感染的发生率大约为每人每年0.5次,复发率为27%～48%。许多患者在使用抗生素成功地治疗尿道感染后,还会出现复发症状。不合理地服用药物会使患者出现更严重的不良反应。现如今,在治疗泌尿生殖系统疾病方面主要采用的方法为,抗生素或抗真菌药物治疗。需要引起重视的一点是,这些药物在杀灭有害细菌的过程中,也会杀灭大量益生菌,导致并发症的出现。若在服用此类药物的治疗过程中,合理补充益生菌制剂,能够对不良反应起到一定的抑制作用。另有研究人员发现,益生菌制剂能够用于治疗泌尿系统感染和肾结石等泌尿生殖系统疾病。

传统的治疗方法往往停药后容易复发,用药后再缓解,停药后又复

发,想完全治愈非常困难。这主要是由于泌尿生殖道是有平衡的微生态的内环境,在使用药物杀灭有害病原体的过程中,也会杀灭有益和中性的微生物,待停止用药后,就会建立新的微生态平衡环境,若其中有害菌的量较多,会导致再次出现瘙痒疼痛的症状。

泌尿系统感染是一种发病率较高的疾病,与男性相比,女性更容易感染此类疾病。医学家们已经很早就发现,女性泌尿道出现反复的感染与阴道内存在的一种益生菌——乳酸杆菌的数量有着密切的关系。益生菌有助于预防和减少外来有害微生物和寄生虫的入侵,防止有害菌从直肠转移到阴道及膀胱。另外,益生菌能够与有害致病菌以及白色念珠菌等竞争养分,还能防止有害菌从直肠转移到阴道及膀胱,进而严格限制它们的数量,使其不足以破坏泌尿系统的微生态平衡。对于使用抗感染药物后产生严重不良反应的患者,运用益生剂疗法能够收到较好的效果。阴道中含有的乳酸杆菌数量较少的女性与阴道中含有的乳酸杆菌数量较多的女性相比,更容易感染泌尿系统疾病。

大量的医学研究表明,人体内部微生态失衡是受到霉菌感染的主要原因。有效改善人体微生态失衡的直接方法是调节泌尿生殖系统所含益生菌的数量。益生剂经过一系列反应会产生抗菌物质,可以有效抑制有害细菌的生长;益生剂能够使泌尿生殖系统的pH值下降,有效抑制病原菌的生长;益生剂还可以生成过氧化氢,能够清洁泌尿生殖系统。

现代女性因抗生素药物的频繁使用、不良饮食习惯、长期压力、长期久坐及个人卫生、不洁性行为、上环手术、人流等因素,导致阴道微生态菌群的平衡被破坏,引发细菌性阴道炎、尿道感染和性传播感染等泌尿系统和生殖系统疾病。通过定期补充益生剂,让乳酸杆菌等益生菌在女性阴道菌群中占据主导作用,从而产生足量而多样的抗菌物质:细菌素、乳酸、有机酸和过氧化氢等阻碍病原菌的入侵、生长。

人类代谢只能产生左旋乳酸盐,而大部分女性阴道分泌的是右旋乳酸盐。这表明阴道内乳酸主要来自阴道微生态菌群。酸化的阴道阻止不耐酸的共生微生物、泌尿生殖感染病原体和许多性传播病原体的生长繁殖。定期科学地补充益生剂可以通过发酵糖原、葡萄糖产生乳酸来维护女性阴道内低pH值。低pH值增加了阴道氧化还原的可能性,并创造了一个抑制厌氧细菌生长的环境。

最新的研究表明,益生剂可以阻止病原细菌入侵和定植能力。益生剂的补充使病原体的生长被抑制了74%～89%，定期补充益生剂可改善和防治细菌性阴道炎、尿道感染、肾结石和性传播感染等泌尿生殖系统的疾病。

二、益生菌制剂预防和治疗念珠菌性阴道炎和细菌性阴道病

健康妇女阴道中乳杆菌为优势菌，占95%以上，达$8×10^7$ CFU/mL，从健康女性阴道中提取出了超过20多种乳杆菌，其中，卷曲乳酸杆菌、詹氏乳酸杆菌、加氏乳酸杆菌较为多见，数量较多的还有唾液乳杆菌、发酵乳杆菌、奇异菌属、棒状杆菌、动弯杆菌、普氏菌属、阴道加德纳菌、纤毛菌属、气球菌属和微单胞菌属等。乳杆菌有助于使阴道微生物处于平衡状态，使阴道pH处于3.8～4.5。一方面，合成抗微生物的物质，如乳酸、细菌素、过氧化氢，使阴道始终为酸性环境，提高阴道的自净能力；另一方面，乳杆菌存在于阴道黏膜，通过共同凝集作用产生屏障，竞争黏附，防止病原微生物的定植。Boris发现从阴道分离的格氏乳杆菌能分泌耐热的肽，具有促进凝集的作用。

除乳杆菌外，阴道中的常驻菌群有表皮葡萄球菌、大肠杆菌、棒状杆菌、B族链球菌、粪球菌、消化球菌、类杆菌、支原体和白色念珠菌等。当人体由于使用广谱抗生素、卵巢功能急剧衰退、外科手术、分娩等因素引起阴道损伤以及免疫抑制剂过度使用时，体内的微生态会被破坏，菌群失调，由此引发阴道感染性疾病。主要致病菌为阴道中常驻机会致病菌，如大肠杆菌、类杆菌、消化球菌、B族链球菌、白色念珠菌、支原体及滴虫等，表现为各种阴道炎，如细菌性阴道病(BV)、滴虫性阴道炎(TV)、外阴阴道假丝酵母菌病(VVC)、需氧菌性阴道炎(AV)、细胞溶解性阴道病(CV)和混合性感染等。

既然微生物和女性生殖系统的健康关系密切，那么益生菌是否可以在这些疾病的治疗中占有一席之地呢？由于阴道感染大多是菌群失调引起的，所以许多研究者对利用益生菌预防阴道炎产生了浓厚的兴趣。

最初，科学家们将注意力集中在了解何种细菌能够在阴道这种特殊环境中生存。我们知道，通常在消化道内生长得很好的细菌，如果被移植到身体的其他部位，就可能难逃灭亡的命运。例如鼠李糖乳杆菌GG

是一种常被用来治疗胃肠功能失调的益生菌,但是这种细菌在阴道里不能生存,即使通过栓剂强制让鼠李糖乳杆菌GG进入阴道,不久就会被消灭殆尽。而鼠李糖乳杆菌GR-1和发酵乳杆菌RC-14等细菌,即使以口服的方式进入人体,也可以成功地定植于阴道中。

找到可以在阴道里生存的益生菌后,接下来就要研究这些益生菌能否抑制那些能引起阴道炎的微生物。尽管到目前为止,科学家们对此还没有定论,但是已经有一些临床试验表明,某些特定的乳酸杆菌,包括嗜酸乳杆菌、鼠李糖乳杆菌GR-1和发酵乳杆菌RC-14都能有效预防阴道炎。这些研究都是通过口服或者在阴道内置入栓剂等方式,将这些益生菌成功定植于阴道中。目前,科学家们正在研究能否通过使用含有益生菌的卫生护垫达到与上述实验相同的效果。[①]

益生菌是对宿主有益的活性微生物,定植于人体肠道、生殖系统内,改善宿主微生态平衡、发挥有益作用的活性有益微生物的总称。益生菌可以在胃肠道和阴道局部起作用,并通过不同方式影响免疫系统等。

(一)念珠菌性阴道炎(VVC)

80%~90%病原体为白色假丝酵母菌,酸性环境易于生长,为双相菌(酵母相、菌丝相);患者阴道pH值为4.0~4.7,通常pH<4.5;机会致病菌(酵母相、菌丝相)。在阴道分泌物中可见白色假丝酵母菌的芽生孢子或假菌丝。

李丽秋报道非特异性阴道炎、真菌性阴道炎患者各50例,用乳杆菌液涂抹阴道壁7 d为一个疗程,间隔5 d再进行第2疗程,治愈率达98%,治疗后阴道分泌物、pH值明显低于治疗前;肠杆菌、葡萄球菌、类杆菌数量明显减少,乳杆菌量显著增加。

(二)细菌性阴道病(BV)

细菌性阴道病是育龄妇女最常见的生殖器感染性疾病,其特征是栖居在阴道内的菌群平衡失调,乳酸杆菌特别是产过氧化氢的菌株减少,而其他菌群大量繁殖而引起的一种无阴道黏膜炎症表现的综合征。阴道乳酸杆菌与细菌性阴道病的发展有关,即阴道内乳酸杆菌,尤其是卷

---

① (美)赫夫纳格尔,(美)维尼克.益生菌健康宝典[M].陈华夏,杨希林,译.海口:南海出版社,2009.

曲乳酸杆菌和詹氏乳酸杆菌越少,细菌性阴道病发病率越高。乳酸杆菌产生乳酸以降低阴道的 pH,产生的 H_2O_2 能抑制加德纳菌。

细菌性阴道病经唑类药物治疗后,症状明显减轻,有效率、复发率减少。研究发现,在复发性细菌性阴道病治疗中给予乳酸杆菌阴道胶囊进行巩固治疗,积极恢复阴道微生态平衡,可明显提高治愈率,降低复发率至 75%～80%,但随后易出现继发性霉菌性阴道炎、需氧菌性阴道炎及复发等问题。

最早有关益生菌治疗阴道炎的研究发表于 1992 年,研究者使用产 H_2O_2 的嗜酸乳杆菌阴道胶囊治疗细菌性阴道病,结果显示疗效不明显,但这项研究由于试验组和对照组各有 50% 和 86% 的人没有完成实验,有效性难以评价。1996 年有研究报道称,使用产 H_2O_2 的嗜酸乳杆菌治疗四周后,88% 的病人细菌性阴道病得以治愈。

阴道用乳杆菌使用的菌类都属益生菌菌株,具有良好的黏附阴道上皮和泌尿道上皮的能力,并能阻止泌尿生殖道病原体的黏附生长。研究阴道用益生菌或抗生素治疗细菌性阴道病,益生菌组治愈率为 65%,甲硝唑组治愈率为 33%。也有研究者在抗生素治疗细菌性阴道病后再使用益生菌,如先使用甲硝唑治疗,再接着口服益生菌 30 天,30 天后抗生素＋益生菌组细菌性阴道病治愈率为 88%,抗生素＋安慰剂组治愈率为 40%。

王友芳等采用德氏乳杆菌活菌胶囊治疗细菌性阴道病,阴道给药,每天一次,10 天为一疗程,三天后复查,以白带变化、阴道痒感、pH、线素细胞和氨浓度测定实验判定疗效,设甲硝唑组为对照,两组治疗总有效率分别为 77.3%～100.0% 和 77.8%～95.0%,两者间无显著差异,但使用乳杆菌对肝、肾功能无不良影响,亦无明显不良反应,且复发率低。

同样,使用替硝唑后再接着阴道使用益生菌治疗细菌性阴道病,也发现益生菌组的治愈率显著高于安慰剂组(分别为 87.5% 和 50%),阴道菌群恢复正常率益生菌组和安慰剂组分别为 75% 和 34.4%。益生菌治疗细菌性阴道病,除了有利于阴道正常菌群的恢复、提高治愈率以外,还可以降低其复发率。

在一项随机、双盲、安慰剂对照的研究中发现使用抗生素＋益生菌(每次月经周期后,对阴道用益生菌 3 天)6 个月后,细菌性阴道疾病的发生率大大下降。其他研究者也发现使用嗜酸乳杆菌阴道栓剂 12 天治疗细菌性阴道病,6个月内无复发。同样,研究发现有反复细菌性阴道病发作史的女性,阴道应用益生菌制剂调理,其11个月内的细菌性阴道病复发率低于安慰剂组。益生菌治疗的优点在于长期使用不会影响阴道正常菌群,反而有利于阴道正常微生态的重建。

当然,影响益生菌疗效的因素包括乳杆菌菌株、剂量、配方、是否和抗生素治疗相组合、开始用药的时间以及持续治疗时间等。不同病人的不同疗效可能还和病人的种族、年龄和初始优势阴道菌群等有关。我们仍需要大型的、设计良好、标准化流程的临床研究(包括种族、剂量、用药途径、时间和用药持续时间等)来探索不同益生菌菌株对于细菌性阴道病的治疗效果。

微生物和妊娠的关系也越来越受到重视。研究者对益生菌和妊娠女性糖代谢的关系进行了探索。第一组仅接受饮食咨询,第二组饮食咨询加上益生菌补充,第三组为对照组,无饮食咨询,无安慰剂补充。结果第二组(饮食咨询加益生菌组)孕期和产后12个月内的血糖水平最低,孕晚期和产后12个月内糖耐量指标均优于对照组。

前文提到微生物感染和早产有关,那是否可以应用益生菌来预防早产呢?之前研究显示,虽然细菌性阴道病和不良妊娠结局如胎膜早破、早产、绒毛膜羊膜炎、产后子宫内膜炎等有关。治疗妊娠合并细菌性阴道病确定的益处是缓解阴道感染的症状和体征,此外,可以减少细菌性阴道病并发其他性传播疾病或HIV感染的风险。因此,并不推荐对孕妇常规进行细菌性阴道病的筛查,但对于有症状的孕妇或者是无症状且有早产高风险的孕妇可以进行筛查和治疗。

不过,也有学者认为治疗细菌性阴道病可能对降低早产发生率有益,益生菌可以通过取代或抑制病原体来控制感染及炎症的发生、发展,起到预防早产的作用。对孕期阴道pH值高于4.7或诊断为细菌性阴道病的孕妇分别予以阴道乳杆菌或林可霉素阴道乳膏干预,干预组早产率显著低于对照组(干预组和对照组早产率分别为8.1%、12.3%)。因此,我们还需要更多的研究来证实细菌性阴道病、早产常规治疗和益生菌治疗之间的关系,进一步提高母儿安全。

孕期益生菌的应用还可以调节胎儿免疫系统发育,减少免疫异常并促进宿主防御反应。母亲在分娩前六周和哺乳的六周内口服益生菌,母体外周血和安慰剂组相比,NK细胞显著增加,T细胞和B细胞无显著差异,母乳中的促炎细胞因子 TNF-a 下降;服用益生菌的母亲,母乳喂养 2～6 月龄的幼儿,其总体胃肠道症状如口腔念珠菌病、反流、腹泻、肠绞痛、便秘等发生较少。

此外,益生菌还被用于治疗外阴阴道假丝酵母菌病,减少 HIV 感染病人的胃肠道症状,如可腹泻、恶心和胀气,缓解恶性肿瘤治疗者的不适症状等。

第五节　益生菌制剂预防和治疗口腔疾病

通过食物结构的调整有助于口腔微生态菌群的平衡,然而仅仅依靠普通食物是无法应对武装到牙齿的各种致病细菌或病毒。

基于口腔菌群研究的突破、口腔菌群失调引发各种口腔疾病、能否通过益生菌和益生元等微生态制剂调节口腔菌群失调,并逐渐恢复口腔微生态菌群平衡,成为生物科技工作者、临床医生共同的夙愿。

事实上,虽然学者们对人体菌群的研究主要聚焦于肠道菌群,然而排在第二位的研究热点领域就是口腔菌群。如今口腔疾病的治疗正从消除特定的细菌转变为通过益生菌改善口腔细菌生态学。因此,细菌疗法是牙科的一个新兴领域。益生菌是含有一些有益的细菌、酵母菌和其他对宿主健康有益的微生物的膳食补充剂,可以帮助促进健康菌群的生长繁殖和抑制病原体传播疾病。在医疗领域,益生菌主要用于胃肠道疾病的治疗。如今,益生菌也可以被用作各种口腔疾病的治疗。

用作益生菌的微生物主要有乳杆菌属、双歧杆菌和非致病性酵母等。其中乳杆菌属能够产生酶,从而帮助人体消化、吸收蛋白质和糖类。双歧杆菌可以分解代谢乳糖,从而产生乳酸并合成维生素,还能够发酵一些难以消化的碳水化合物而产生短链脂肪酸。

龋齿是一种由细菌引起的多因素疾病,其特征在于牙釉质的去矿化作用。由于口腔的生态系统稳定性被破坏,口腔细菌过度增殖,特别是来自变异群的链球菌菌群数量增多。益生菌可以黏附在牙齿表面并整合到口腔的微生态中,从而与致龋菌进行竞争并抑制它们的生长。益生菌还可以代谢糖类等营养物质而减少酸的产生,同时益生菌也可以用于牙周病及口臭的预防。

口腔微生物与口腔健康息息相关,了解口腔生态环境的特征,掌握口腔生理状态下的活动规律,是了解口腔疾病产生的原因,也是开展人体口腔护理的基础。口腔复杂的生态环境适宜各种类型的微生物,包括需氧微生物、兼性厌氧微生物的生长和繁殖。这些微生物所产生的酶、维生素、代谢产物反过来又会影响机体的局部甚至是全身的状态。

虽然微生物是肉眼看不见的,但我们也不能低估它们在人类健康和疾病中所起的决定性作用,其中口腔微生物组对口腔及全身的健康尤为重要。口腔中唾液的流动、牙齿表面的薄膜和口腔软组织可以维持微生态的平衡并且阻止病原菌的侵入。一旦口腔微生态的平衡被打破,就有可能导致口腔疾病的产生,而重症口腔疾病患者的病原菌还可能会传染身体的其他部位,从而引起系统性疾病,例如,心血管疾病、免疫系统的崩溃和糖尿病等。良好的口腔环境和稳定的口腔微生态对人体来说是必需的,可以防止疾病在个体间快速传播。在人类的长期进化过程中,天然口腔微生物与人类处于相对和谐的共生状态,互相受益,一切控制疾病的手段都不应该破坏这种互生关系。

第六节　益生菌制剂预防和治疗幽门螺杆菌

微生态疗法是指应用可拮抗病原菌活性的活菌制剂,维持人体正常胃肠道菌群、提高正常菌群定植抗力、促进微生态平衡以治疗细菌感染。微生态制剂是指含有活菌和死菌,包括菌体组分和产物,或是仅含活菌体和死菌体的微生物制剂。根据制剂所含细菌的存活与否分为活菌制剂和失活菌制剂,目前临床应用的大部分是活菌制剂。

随着抗生素的广泛使用,幽门螺杆菌对抗生素的耐药性问题日趋严重,导致了常用治疗方案根除率的下降。益生菌具有增强黏膜屏障、维持肠道正常菌群和减轻抗生素治疗不良反应的作用,近年来对于益生菌拮抗幽门螺杆菌的研究报道逐渐增多,从体外抑菌试验、动物试验到临床体内有效性试验研究等各个层面进行了研究和报道,为幽门螺杆菌治疗提供了新的思路。

微生态制剂用于幽门螺杆菌根除的辅助用药的可行性已得到许多研究的证实,在治疗方案中添加益生菌,除了可以减轻抗生素的不良反应,还可以提高患者治疗的依从性,甚至根除治疗的疗效。但是,目前关于微生态制剂在抗幽门螺杆菌临床应用方面仍存在很多有待解决的问题,如许多机制尚未阐明、益生菌的作用部位、何种益生菌幽门螺杆菌抑制效果最佳等,还需要更多的临床研究以提供更确切的证据。综上所述,未来微生态制剂有可能成为预防及治疗相关疾病的一项重要手段。

第七节　益生菌制剂降血脂、降胆固醇、预防和治疗肥胖

一、甘油三酯和胆固醇过高对健康的危害

(一)甘油三酯过高对健康的危害

甘油三酯是人体必需的营养素,也是细胞的重要组成成分。甘油三酯不仅能为机体提供能量,还参与人体激素和其他重要的生命物质的合成。甘油三酯的摄入量过多,会导致人体血液中低密度脂蛋白含量的增加。研究表明人体血液中的低密度脂蛋白能将肝脏内合成的胆固醇输送到肝外,因此血液中低密度脂蛋白浓度的提高会导致人体血液中的血脂含量升高,血液中的胆固醇会聚集在动脉血管的管壁上,提高患动脉粥样硬化等心脑血管疾病的风险。

(二)胆固醇过高对健康的危害

胆固醇是人体所必需的营养成分之一,是构成人体细胞的重要成分。胆固醇是合成维生素 D 的原料,也是合成胆汁的前体物,在人体内也能被转化成类固醇激素。因此,胆固醇对机体有重要的生理功能。胆固醇主要分布在人体内肾脏、皮肤、脾脏、肝脏、脑及神经组织中。正常人每天胆固醇的摄取量应不超过 250～300 mg。如果人体内的胆固醇

含量过高，容易增加机体患动脉硬化、冠心病、脑卒中等心脑血管疾病的风险，严重危害人体的健康。

Keys 等人研究发现，心脑血管疾病的发生率与人体血液中胆固醇浓度呈正相关性。若人体胆固醇的摄入量偏高，会导致血浆中胆固醇浓度过高，从而引发人体的动脉硬化等心脑血管疾病。目前研究已证实，人体内的胆固醇含量过高可以引发脑中卒、冠心病及动脉粥样硬化等心脑血管疾病。研究表明在血液中的胆固醇在高密度脂蛋白和低密度脂蛋白上运转。人体血液中的低密度脂蛋白能将肝脏内合成的胆固醇输送到肝外，如果其浓度超标就会导致人体血液血脂升高，血液中的胆固醇会聚集在动脉血管的管壁上，增大患动脉粥样硬化的风险。而高密度脂蛋白是抗动脉硬化因子，含量高不会提高反而会降低人体患心脑血管疾病的风险。正常情况下，约三分之二的内源性胆固醇是由人体的肝脏等器官合成的，另外约三分之一的胆固醇主要是从饮食中获取。研究发现 3- 羟基 -3- 甲基戊二酰 CoA 还原酶能调节内源性胆固醇的合成速度。研究表明动物内脏、蛋黄及海产品中的胆固醇含量较高，如果这些食物摄入过多，就会导致血液中胆固醇含量增加，导致高脂血症，进而引发冠心病等心脑血管疾病。[1]

因此目前的研究已证实了高胆固醇含量与冠心病动脉粥样硬化等心脑血管疾病密切相关。人体血浆中胆固醇的含量每增加 1 mmol，就会增加人体 51% 心肌梗死的危险；人体的胆固醇含量超过 7.0 mmol/L，其心肌梗死的风险就会增加 3 倍以上。因此降低血液中胆固醇含量是防治心脑血管疾病的有效措施。人们生活水平的提高，往往导致日常膳食中胆固醇含量超标。为了防治心脑血管疾病，人们不得已采用限制日常饮食的方法，但这会导致生活质量的下降和某些营养物质摄入不足等问题。研发胆固醇含量低的食品及具有辅助降低胆固醇功能的食品已成为解决上述问题的有效措施。

---

[1] 高玉荣. 辅助降血脂益生菌及其发酵食品 [M]. 北京：中国纺织出版社，2021.

二、益生菌辅助降血脂、降胆固醇机制

（一）辅助降血脂的主要方法

目前,降血脂主要是通过减少甘油三酯和胆固醇的摄入量、抑制人体对胆固醇和甘油三酯的合成及促进甘油三酯和胆固醇的转化和排出等途径来进行。具体主要有以下几种方法：①减少人体对富含胆固醇和甘油三酯的食物的摄入量；②减少人体对食物中的胆固醇和甘油三酯的吸收量；③降低食物中胆固醇和甘油三酯的含量；④通过洛伐他汀等药物阻断机体内胆固醇和甘油三酯的合成；⑤抑制胆盐在人体小肠内的重吸收作用。

从以上方法中可以看出,减少人体对胆固醇和甘油三酯的吸收是辅助降血脂的一种重要方法,目前的研究发现,通过双歧杆菌等有益微生物的代谢作用可辅助降解食物中的胆固醇和甘油三酯的含量。

（二）益生菌辅助降胆固醇机制

目前研究发现益生菌能通过对胆固醇的吸收作用、胆固醇的共沉淀作用及胆固醇的掺入作用等机制来降低体内的胆固醇含量。

1. 益生菌对胆固醇的吸收作用

目前研究表明,双歧杆菌等益生菌能通过对环境中胆固醇的吸收作用而起到降低环境中胆固醇的作用。近年来,人们不断地从猪、牛体内及发酵食品中分离到能在体内和体外起降胆固醇作用的嗜酸乳杆菌、嗜淀粉乳杆菌等益生菌,研究发现这些益生菌能表现出不同程度的对胆固醇的吸收能力。研究还发现益生菌对胆固醇的这种吸收作用与培养基中胆固醇的种类、菌体浓度及其所处的生长阶段直接相关。很多学者的研究表明,适当提高培养基中的胆盐含量对提高益生菌细胞壁的通透性有一定的作用,这样可以使环境中的胆固醇更容易渗入益生菌菌体细胞内,起到降低环境中胆固醇含量的作用。

2. 益生菌对胆固醇的共沉淀作用

胆固醇的共沉淀作用机制主要是人体内的胆固醇与胆酸结合形成大分子复合物而沉淀,从而导致体内胆固醇含量下降。胆固醇的共沉淀作用是目前被普遍认可的益生菌降胆固醇的机制之一。研究表明,乳酸菌发酵产酸后,导致了酸性环境,溶液中的胆盐和胆固醇能结合形成大分子沉淀物,从溶液中脱出,从而导致溶液中的胆固醇含量显著下降。另外,研究表明,某些益生菌能产生胆盐水解酶将胆盐分解成游离状态的胆酸,然后与胆固醇结合形成沉淀,从而降低了环境中胆固醇的含量。

目前,人们通过对小鼠、猪等动物的实验研究也证实了双歧杆菌等益生菌的共沉淀作用可有效降低血清中胆固醇的含量。研究者给仔猪饲喂具有体外降胆固醇能力的益生菌,发现其血清中的胆固醇含量显著低于未饲喂益生菌的仔猪,而且其粪便中类固醇物质的排泄量显著增加。双歧杆菌等益生菌能通过这种胆固醇的共沉淀作用,有效降低人体消化道内的胆固醇含量,从而避免人体血液中胆固醇含量超标。

3. 益生菌对胆固醇的掺入作用

一些学者的研究表明,某些嗜酸乳杆菌和双歧杆菌等益生菌也能将部分胆固醇吸收并掺入细胞膜,从而降低环境中的胆固醇含量。有研究者发现长双歧杆菌等益生菌能将大部分培养基中的胆固醇吸收到益生菌的细胞内,但仍然有20%左右的胆固醇存在细胞膜中而未进入益生菌细胞内部。另有研究者研究发现,在不控制培养基pH时,益生菌细胞整体所含的胆固醇浓度显著低于其细胞膜中的胆固醇浓度。而当环境处于酸性环境时,益生菌细胞整体所含的胆固醇浓度不低于细胞膜中的胆固醇浓度。这说明在酸性环境下胆固醇更容易通过细胞膜而进入益生菌细胞内部。也有学者发现,某些益生菌的热杀死细胞也能在没有吸收胆固醇作用和共沉淀作用的情况下,去除部分胆固醇。这种去除可能是由于环境中的胆固醇被掺入益生菌的细胞膜中。

4. 益生菌的同化作用

很多研究表明,嗜酸乳杆菌和双歧杆菌等益生菌对环境中的胆固醇除了有吸收作用外,还有同化作用。这些益生菌能将环境中的胆固醇吸收后,通过体内的酶进行降解代谢来合成自身的细胞膜等结构,从而降低了环境中的胆固醇含量。

5. 抑制限速酶的活性

一些学者以小鼠为模型进行体内降胆固醇的研究,发现嗜酸乳杆菌等益生菌能影响小鼠体内胆固醇合成途径中的关键限速酶 3-羟基 3-甲基戊二酰 CoA 还原酶的活性,从而调控小鼠体内胆固醇的合成速度。某些益生菌能抑制这种胆固醇合成限速酶的活性,降低酶促反应速度,减少体内胆固醇的合成量,从而辅助降低体内血清中胆固醇的含量。[1]

6. 其他机制

有学者研究发现,通过双歧杆菌等乳酸菌的发酵作用可生成一些不可消化的短链脂肪酸,能够阻断宿主体内胆固醇的自体合成,进而影响宿主体内胆固醇在组织和肝脏之间的再分配,从而辅助降低宿主血液血清中胆固醇的含量。

人们对益生性乳酸菌双歧杆菌体内降胆固醇的研究发现,益生菌能抑制人体内 T 淋巴细胞的活化,控制低密度脂蛋白接受器的合成,从而辅助降低血清中胆固醇的含量。另外,有学者研究发现,乳酸菌胞外多糖能增强乳酸菌结合游离胆酸的能力。因此,乳酸菌胞外多糖能促进游离胆酸的排泄,从而辅助降低血清中胆固醇的含量。

三、辅助降血脂、降胆固醇益生菌

近年来,随着人们生活水平的提高,我国冠心病等心脑血管疾病的发病率呈上升趋势。研究和利用具有辅助降胆固醇和甘油三酯功能的益生菌以辅助降低人体血清中胆固醇和甘油三酯的含量,对防治心脑血管疾病、改善人们的健康水平将产生积极的作用。

（一）国外研究状况

益生菌也被称为微生态调制剂、活菌制剂,是一种能促进宿主肠道

---

[1] 高玉荣. 辅助降血脂益生菌及其发酵食品 [M]. 北京:中国纺织出版社,2021.

生态平衡的菌群,且有助于宿主生理健康功能的活性微生物。除此之外,国内外研究表明,一些益生菌还具有降胆固醇、提高免疫力等特殊功能。早在20世纪六七十年代,Mann和Shaper发现,在非洲成年男性食用大量的乳酸菌发酵的牛奶后,体内血清中胆固醇含量显著下降,从此各种关于乳酸菌辅助降胆固醇功能的研究在世界各国逐渐开展。Han等人研究发现植物乳杆菌NR74和鼠李糖乳杆菌BFE5264能通过Niemann-Pick C1-like 1(NPC1L1)控制胆固醇的吸收。在细菌和细胞壁组也观察到其具有控制胆固醇吸收的效应。这些数据表明一些乳酸杆菌属的菌株和含有这些菌株的传统发酵食品具有抑制体内胆固醇吸收的作用。

Zeng等人从新鲜牛粪中筛选出一株发酵乳杆菌,其体外胆固醇降解率达48.87%,并有良好的耐酸耐胆盐能力和对金黄色葡萄球菌等有害微生物的抑制性能。Pan等人从马奶酒和发酵乳饮料中筛选出一株发酵乳杆菌SM-7,其体外胆固醇降解率达到66.8%,能显著抑制致病性金黄色葡萄球菌和大肠杆菌的生长,对胃酸和胆盐有很强的耐受能力。Brashears等发现乳杆菌在不同的pH环境条件下其脱除胆固醇的能力有显著差异。

关于降胆固醇益生菌的筛选及产品的研究报道相对较多,但对体外降甘油三酯益生菌的筛选及其产品的研究较少。Nguyen等人从粪便中分离出一株具有体外降胆固醇和甘油三酯功能的植物乳杆菌PH04,按照每天每只10^7CFU/mL的量喂养高胆固醇模型小鼠,14 d后,喂养植物乳杆菌PH04的高胆固醇小鼠与对照组相比,其血清中的胆固醇和甘油三酯分别降低了7%和10%。Rajkumar等人研究了益生菌(VSL#3)和ω-3脂肪酸对人体血脂的影响,以60名年龄为40～60岁、超重、健康的成年人为实验对象,将受试者随机分为四组,受试者分别服用益生菌、ω-3脂肪酸、安慰剂、ω-3脂肪酸和益生菌,6周后收集受试者的血液和粪便样品,发现服用益生菌组的患者血液中甘油三酯、胆固醇及低密度脂蛋白明显降低($P<0.05$)。

(二)国内研究状况

目前,国内对具有辅助降胆固醇效果的益生菌进行了广泛的研究,发现不同益生菌的生理和代谢特征不同,在其益生功能上也存在显著差异。丁苗等人从发酵肉制品中分离筛选出了一株体外胆固醇降解率为33.78%的消化乳杆菌SR10。刘长建等人从菠菜中筛选分离出33株乳酸菌,进行体外降胆固醇能力的测定,筛选出一株胆固醇降解率达到47.58%的干酪乳杆菌。章秀梅等人从发酵酸菜中筛选出一株短乳杆菌L3,其体外降解胆固醇的能力达到54.29%。蒋利亚等人从中国传统的乳制品中分离筛选出体外胆固醇降解率为50.2%的干酪乳杆菌菌株L2。王今雨等人从中国内蒙古传统发酵乳制品中分离筛选出一株植物乳杆菌NDC75017,研究发现其细胞破碎液中胆固醇脱出率为32.87%。汪晓辉等人从中国传统食物腊肠和泡菜中分离筛选到了体外胆固醇降解率分别为49.11%和50.03%的植物乳杆菌LpT1和LpT2。

我国研究者对降甘油三酯功能益生菌的研究较少。2008年,尹军霞等人从发酵酸菜中分离筛选出一株体外降胆固醇和甘油三酯的降解率分别为47.58%和12.39%的乳酸乳球菌。陆佳佳等人从东北虎肠道分离出了体外胆固醇降解率和甘油三酯的降解率分别达55.00%和17.89%的嗜酸乳杆菌。王丽等人对实验室保藏的7株乳酸菌的胆固醇和甘油三酯降解率进行了研究,发现菌株Y10降胆固醇效果最好,达30.81%,菌株X1降甘油三酯能力最强,其降解率达到17.72%。

与国外相比,国内对于微生物降甘油三酯的研究起步较晚,且大多研究以降解胆固醇为主。随着研究的深入,许多临床试验证实了甘油三酯也是引发心脑血管疾病的重要因素之一,目前降解甘油三酯的菌种主要是以红曲、灵芝等药用真菌为主,而利用嗜酸乳杆菌等益生菌降解甘油三酯的研究报道较少。综上所述,目前关于降血脂益生菌的研究主要集中在降胆固醇益生菌的筛选、辅助降胆固醇机理的研究,而对于降甘油三酯功能的益生菌研究较少。今后有待于进一步筛选同时具有降胆固醇和降甘油三酯功能的益生菌,并将这种益生菌应用于降血脂功能性食品的开发。

四、益生菌改善肥胖的机制

益生菌改善肥胖的机制主要包括以下几个方面。

(1)抑制食欲,增加饱腹感:益生菌可以通过刺激CCK、GLP-1等饱腹因子的释放,以及减少胃促生长激素的分泌,从而减少食物摄入,降低体重和脂肪的蓄积。

（2）降低胆固醇：益生菌可以通过同化作用以及共沉淀作用减少胆固醇的吸收。这是因为益生菌能使胆固醇转化为人体不吸收的粪甾醇类物质，从而降低胆固醇水平。

（3）调节肠道菌相：益生菌进入肠道后，使失衡的肠道菌相正常化，即厚壁菌减少，拟杆菌门增加，进而降低肠上皮细胞的通透性，减少循环中脂多糖的含量，减少炎症因子，进而提高胰岛素敏感性。

Tabuchi等的研究表明，给糖尿病小鼠口服乳酸杆菌后能降低血浆葡萄糖水平和延迟葡萄糖耐量的发展。Martin等给无菌小鼠一次性口服婴儿粪便，随后每天给予乳酸杆菌变性酪蛋白和乳酸杆菌鼠李糖的混合物，发现益生菌能增加胆汁酸的肠肝循环，刺激糖酵解，调节氨基酸和短链脂肪酸的代谢。Cani等发现，在小鼠肠道中选择性地增加双歧杆菌会减少全身性炎症和肝炎的发生，可能是通过防止肠道通透性和细菌迁移实现的。

低聚糖（低聚果糖、菊糖、半乳糖苷、乳果糖）能刺激肠道菌的生长与活性，Cani等对参与试验的志愿者给予两周的低聚果糖摄入，能增加试验者在用餐时的饱腹感，减少对食物的渴望，每天热能的摄入量比平时显著降低。将益生菌和低聚糖联合使用可改变肠道菌群的状况以治疗肥胖，二者联用，可减少热能的摄入量，减少脂肪的蓄积，增加饱腹感和能量的消耗，从而取得较好的治疗效果。

第八节　益生菌制剂预防和治疗糖尿病

一、概述

（一）胰岛素与血（葡萄）糖

胰腺是人体最重要的消化器官之一，除外分泌功能分泌各种消化酶外，还是人体重要的内分泌器官（图5-1）。胰岛素由胰岛（成人约100万个）的β细胞（占胰岛总细胞数的70%；α细胞约占20%，分泌胰高血糖素)所分泌。

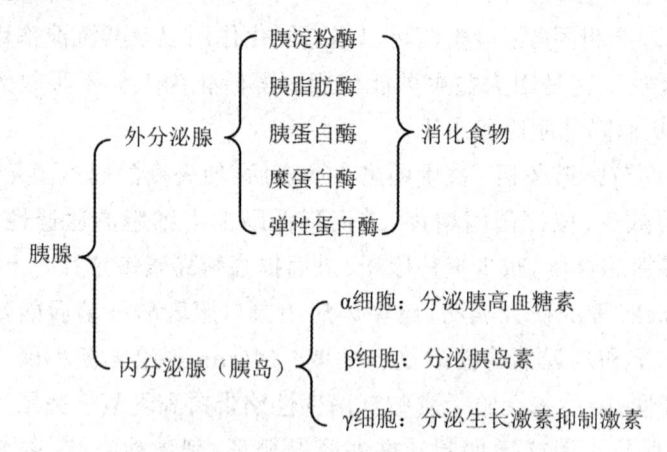

```
         ┌ 外分泌腺 ┬ 胰淀粉酶 ┐
         │         │ 胰脂肪酶 │
         │         │ 胰蛋白酶 ├ 消化食物
         │         │ 糜蛋白酶 │
胰腺 ┤         └ 弹性蛋白酶┘
         │
         │              α细胞：分泌胰高血糖素
         └ 内分泌腺(胰岛) β细胞：分泌胰岛素
                        γ细胞：分泌生长激素抑制激素
```

图 5-1　胰腺的结构与功能

　　胰岛素是由 84 个氨基酸构成的长链多肽——胰岛素原分泌的,在专一性蛋白酶——胰岛素原转化酶和羧基肽酶 E 的作用下,将胰岛素原中间部分(C 链)切下,而胰岛素原的羧基部分(A 链)和氨基部分(B 链)以二硫键的形式结合从而得到胰岛素。人胰岛素分子的 A 链有 11 种 21 个氨基酸,B 链有 15 种 30 个氨基酸,共 16 种 51 个氨基酸,两条肽链借两个二硫键相连组成。人、牛、羊、猪等不同种族的动物各自的胰岛素发挥着类似的作用,只是成分有一些差异,人和猪的胰岛素仅是一个氨基酸的区别,故临床上常用的胰岛素都是由猪胰腺所提取。

　　血中的葡萄糖简称为血糖,人体内的单糖(如葡萄糖、果糖、半乳糖)都是由双糖(如蔗糖、麦芽糖、乳糖)或多糖(淀粉、糖原)经消化吸收而来,所有的糖又都需要转化成葡萄糖后才能被人体组织细胞吸收和利用。

　　胰岛素具有促进血糖进入组织细胞进行氧化分解、合成糖原和转化成非糖物质,抑制氨基酸和脂肪转化为糖的作用,是体内唯一降低血糖的激素。胰岛素与靶细胞膜上的胰岛素受体相结合后发挥作用,受血糖高低的调节。

　　胰岛 β 细胞中储备胰岛素约 200 U,每天分泌约 40 U。空腹时,血浆胰岛素浓度是 5～15 μU/mL。进餐后血浆胰岛素水平可增加 5～10 倍。

　　胰岛素调节糖代谢首先要与细胞膜上的胰岛素受体结合,改变细胞膜的通透性,葡萄糖进入细胞后才能进行糖原合成加以储备,或者氧化供给能量,或者转化为脂肪,或者转化为其他单糖或糖蛋白等进一步代谢。

（二）糖尿病

糖尿病是由遗传因素、免疫功能紊乱、微生物感染及其毒素、自由基毒性、精神因素等各种致病因子作用于机体导致胰岛功能减退、胰岛素抵抗等而引发的糖、蛋白质、脂肪、水和电解质等一系列代谢紊乱综合征,临床上以高血糖为主要特点。糖尿病发病率高、致残率高及致死率高,使其成为21世纪威胁人类健康的主要疾病之一。

二、肠道菌群与糖尿病形成的相关机制

（一）糖尿病患者肠道菌群的改变

在人类肠道菌群中已发现了超过5 000种细菌,90%以上属于厚壁菌门（以革兰氏阳性菌为主）和拟杆菌门（以革兰氏阴性菌为主）。随着医学研究的不断深入,有研究显示,患有2型糖尿病不仅是基因、饮食等因素造成的,对人体健康影响较大的肠道菌群也产生了很大的影响,这主要是由于机体中的免疫细胞大多数位于肠道。有研究人员对糖尿病患者的肠道菌群进行了分析,观察到菌群发生了改变,结果表明肠道微生物群组成变化与糖尿病相关。

（二）慢性炎症

肠道中的菌群发生改变,造成所含的有益菌数量减少、有害菌数量上升,这可增加肠道通透性及黏膜免疫反应。肠道中各种毒性产物大量吸收,直接影响肝脏和胰腺功能,导致胰岛β细胞功能受到损伤。

（三）氧化应激

高血糖通过超氧化依赖的途径使低密度脂蛋白发生氧化,从而释放出自由基。在人体内处在高血糖的情况下,葡萄糖与蛋白质结合会得到糖基化终产物,蛋白质发生的糖化使蛋白质和细胞的功能都受到影响。其与受体的结合可导致细胞信号传导改变并进一步促进自由基生成,同

微生态制剂研究与应用

时也可直接增加炎性因子如肿瘤坏死因子 –a、白介素 –6、白介素 –1 的生成。自由基还可以直接毒害 β 细胞的细胞膜、线粒体膜和细胞核膜，导致其生理功能受到损害。

三、益生菌制剂对糖尿病防治的作用

益生菌治疗对糖尿病是有效的。糖尿病饮食疗法是糖尿病治疗的一项最重要的基本措施。无论病情轻重，无论使用何种药物治疗，均应长期坚持控制饮食。益生菌作为一种饮食疗法，具有很多优越性。

葡萄糖的主要功能是为人体提供能量，而作为一般细菌最喜欢的物质，葡萄糖也会优先被黏膜上的益生菌利用，从而减少人体对葡萄糖的吸收。有大量益生菌存在时，此作用会非常明显。葡萄糖被肠道上皮细胞吸收后才会进入身体的其他部分。总而言之，胃肠道内的益生菌为人体提供了第一层防护，避免身体吸收大量的葡萄糖。也就是说，当摄入大量益生菌时，益生菌会和肠内有害菌展开一场战争，身体需要靠血液输送供给益生菌大量的葡萄糖，从而加速葡萄糖的代谢。而 1 型糖尿病是由于自身免疫机能发生异常，导致胰岛细胞被破坏而引起的。益生菌具有调节免疫的功能，可以防止免疫亢进对胰岛细胞的损坏。

我们留意一些糖尿病患者不难发现，有很多人体重超标。这是因为体内以葡萄糖形式存在的能量过多，超过了可以使用的量。身体会以脂肪的形式把多余的葡萄糖储存起来。如果摄入的卡路里比消耗的多，体重就会上升。如果体内存在大量的益生菌，那么人体输送葡萄糖的量就会减少，因此血液中的葡萄糖就会减少。身体会把葡萄糖转化为肝糖原进行储存，如果血液里的葡萄糖含量减少，那么被用来制造肝糖原的葡萄糖也会减少。这就是益生菌能为我们身体带来的变化。

在日常饮食中，可以通过多补充纤维类食品来预防和改善血糖高的状况。因为纤维含量高的食品有助于益生菌的生长，对于预防 2 型糖尿病有辅助作用。有研究表明，全谷类食品和很多蔬菜所含的非水溶性纤维能够改善人体对胰岛素的利用状况，而胰岛素能调节血糖。非水溶性纤维是指不能溶于水的膳食纤维，它能为益生菌的生长提供有利环境。

第九节 益生菌制剂预防和治疗呼吸道感染

呼吸系统疾病是一种常见病、多发病,主要病变在气管、支气管、肺部及胸腔。本节我们主要介绍与微生态制剂相关的最常见的上呼吸道感染,简称"上感"(upper respiratory infection, URI),包括鼻腔、咽或喉部急性炎症。上呼吸道感染90%是由病毒所致,经病毒感染后,亦可继发细菌性感染。

一、鼻咽微生态失平衡与上呼吸道感染

上呼吸道感染是一种非常常见的感染性疾病。造成感染的病原微生物主要是革兰阴性杆菌(达43.9%),占比次之的是革兰阳性球菌(达25.0%)。鼻咽部检测出革兰阴性杆菌的概率越大,人体感染上呼吸道疾病的可能性也就越大。在人体处于健康状态下,自身的防御机制依靠呼吸道天然免疫中的屏障(机械屏障、生理屏障、生物屏障和化学屏障)和获得性免疫来预防呼吸道感染的发生,不过由于其他环境因素仍会发生感染。

二、呼吸道微生态制剂的展望

鼻咽部为上呼吸道的重要部分,其生态环境较为特殊,容易对其产生影响的因素较多。上呼吸道的微生态是否保持平衡与人体呼吸系统的健康状况有着直接的影响。上呼吸道感染如鼻炎、慢性咽炎等,一种情况是由于感染病原微生物引起的,另一种情况是并没有感染病原微生物,而是内部的微生态出现了失衡,占据优势、次优势地位的微生物菌种数量显著减少,弱势地位的微生物菌种数量显著增多。

构成人体的系统、器官所处的生态环境都有一定的特性,不少疾病

都能够考虑使用微生态制剂疗法,不仅能够有效减少抗生素治疗所带来的不良反应,还降低了治疗费用,改善了治疗效果,使微生态环境处于稳定状态,以免疾病时好时坏让病人苦不堪言,这为人类治疗疾病提供了新思路。

人们发生上呼吸道感染,特别是患有慢性咽炎、鼻炎,主要因素是鼻咽部的微生态环境中有益菌与有害菌的比例失衡,基于这一点,有学者针对此类疾病开创了"恢复菌群平衡"的微生态治疗法,摒弃一味地使用抗生素的做法,使治疗方法和效果更加有效、合理。所用到的维持上呼吸道微生态平衡的益生菌制剂包括处于健康状态的鼻咽部的优势菌群和次优势菌群,同时应保证它们在鼻咽部的存活率达到一定水平,才能使上呼吸道的菌群恢复到平衡状态。

若要制备所需的益生菌制剂,应在健康人的鼻咽部分析出存在的益生菌的类型和各自占比,再挑选出较为合适的菌株,确定有益于菌株生存的溶剂。通过试验得出适宜益生菌制剂生存但不能无限生长的温度,加工成便于使用的形式,如喷雾、含片、滴剂等形式,直接作用到患处,有助于上呼吸道菌群达到健康状态,进而摆脱掉过去利用抗生素加以治疗的方法,这将会是未来医学治疗上呼吸道感染的理想方式。

目前,能有效治疗呼吸系统疾病的微生态制剂仍处于实验研究阶段,与应用于消化系统的以厌氧菌为主的微生态制剂不同,应用于呼吸系统疾病的微生态制剂应该以需氧菌或兼性厌氧菌为主,这对于微生态制剂的实验研究是一个全新的挑战,相信不久的将来治疗呼吸系统疾病的微生态制剂一定能够应用于临床。

第十节 益生菌制剂调节肠道菌群

人体健康源自体内微生态的平衡,菌群平衡对机体的免疫反应、营养均衡、抗衰老等都有促进作用。一旦平衡状态被打破,疾病就会乘虚而入。益生菌就是维持这种平衡的有力保障。

肠道细菌数量庞大,分为有益菌、有害菌和中性菌三种,主要集中在我们的消化系统中。大多数时候它们和谐共处,保持着肠道微生态的动态平衡。然而,当人体内的有害菌由于某种原因开始大量增殖时,就会导致菌群失调,如果不加以调理的话,菌群长期失调,有害菌数量逐渐增多,人体就会出现问题,可能会引发各种不适甚至疾病。

研究人员提出,肠道内益生菌的存在和大量增殖有助于增强人体的免疫力。随着年龄的增长,人体逐渐衰老,益生菌的数量也会逐渐减少,所以为了维持肠道的菌群平衡,人们要有补充益生菌的意识。

1. 影响人体益生菌数量的因素

我们已经知道,益生菌对人体健康非常有用,那么是不是只有身体出现问题时才要服用益生菌呢?答案当然是否定的。正确的答案是:几乎人人都需要补充益生菌。这个说法是否言过其实,下面通过我们的食物、水、生存环境来寻找答案。

第一,现在的食物中添加剂太多。食品的过度加工,让食物越来越不安全,很多食物中含有防腐剂、增稠剂、香精、香料等人工添加剂,非常不利于体内有益菌的生存与增殖。

第二,滥用抗生素。几乎所有人都用过抗生素,常见的抗生素类药物有青霉素、红霉素、阿奇霉素、头孢菌素类药物。它们在杀死体内有害菌、帮我们治病的同时,也会殃及体内的有益菌。

第三,饮用水不安全。环境污染越来越严重,人体每天必需的空气和水的质量都在下降。水是维持生命的必备条件,但是我们的饮用水面临着各种各样的安全问题,比如自来水的二次污染,桶装水质量问题层出不穷等。质量不良的饮用水会或多或少地损害人体内的益生菌的生长繁殖。

第四,饮食结构不均衡。植物性食物才是益生菌最喜欢的,但是很多人都是更愿意吃肉。但肉类食物不利于肠道菌群的生长和繁殖,长此以往,肠道菌群的活性就会大大降低,所以爱吃肉的人更容易得"富贵病"。

第五,食物中的重金属和农药残留超标。虽然我们在生活中已经很注意饮食安全,但是农药、重金属残留还是让人防不胜防。食品安全已经成为社会最关注的问题之一。在蔬菜种植过程中过多地使用农药、化肥,再加上土壤污染等,导致蔬菜中农药、重金属可能残留过量,这也成为危害人体有益菌群的一大因素。

第六,工作、生活压力大。生活节奏快,工作忙,买房、养老以及孩子的教育支出等各方面让人们压力剧增,体内有益菌对人体的压力状况极为敏感,因为压力增大会改变人体内的荷尔蒙平衡,导致人体内的有益菌群数量减少。

2. 最需要补充益生菌的六种人

生活中,大多数人平时并没有感觉到身体不适的情况,所以并没有通过补充益生菌来保养身体的意识。但是,以下六种人,最好及时补充益生菌。

(1)肠胃功能不好的人,其常见症状如经常便秘、腹泻、消化不良、胀气、口臭等。

(2)有慢性或老年基础性疾病的人,如"三高"、糖尿病等。

(3)免疫力低下、身体弱的人,常见症状有经常疲劳、易患感冒、容易过敏、术后虚弱等。

(4)患有大病、重病的人,如冠心病、癌症等。

(5)体质较弱的特定人群,如孕妇、婴幼、儿童等。

(6)经常应酬、饮酒多的人,或饮酒后易感不适,有以下反应如头晕、头痛、呕吐、肝脏损伤等。

3. 益生菌应该怎么选

挑选和服用益生菌是非常有讲究的。有的人看似每天都在补充益生菌,但如果方法不当,有可能服用的就是一堆益生菌的"尸体",对健康毫无帮助。

大家在挑选益生菌的时候要注意以下四个方面。

(1)"有名有姓"的专利菌种更可靠。选择益生菌,最关键的是要辨别菌种。菌种是鉴别益生菌好坏的基础。不同种类的菌种,功效会大有不同。有专利的益生菌菌种,无论是功效、肠道耐受性、活性等都更可靠,比如双歧杆菌、植物乳杆菌 LP45 菌株、嗜酸乳杆菌 La28 等。

(2)补充益生菌菌种要符合自己的体质。因为地域和饮食文化的差异,不同国家的人体质并不相同,肠道内的菌群也并不完全相同。比如,西方人和中国人就因饮食习惯差异导致体质就有所不同。西方人饮食中肉类占比较大。中国人饮食讲究荤素搭配、营养均衡,在烹饪方式上也比较多样,煎、炒、烹、炸、焖、熘、炖、烤等,应有尽有。所以,选用符合自己体质的益生菌更有利。

(3)益生菌一定要能"活着"到达肠道。评价一种益生菌菌株数量的标准不是看它的原始菌株有多少,而一定要看,能够达到肠道发挥作用的活性菌株是多少。如果不能为人体所用,菌株数量再多也是没有意义的。益生菌必须在肠道定植才能发挥作用,但是,很多益生菌在从口腔进入胃及肠道的过程中,会被唾液、胃酸和胆盐等消化液"杀死",只有极少一部分益生菌能够"活着"到达肠道定植,发挥作用。如果我们吃进去的只是一堆益生菌的"尸体",那么我们补充益生菌就没有意义了。在选择益生菌产品的时候,我们最好选择获得国家专利的益生菌,因为它们通过各项检测,在安全和活性方面更有保障。

(4)选择益生菌产品,还有很重要的一点就是不要忽略了益生元,比如低聚果糖、水苏糖等。益生元是益生菌的"食物",能够促进肠道有益菌群的增长和繁殖,帮助益生菌在肠道内取得优势。搭配了益生元,益生菌就会锦上添花,更容易在肠道中排除有害菌,进而占据优势,更好地呵护我们的肠道。

参考文献

[1] 王秋菊,崔一哲.微生态制剂技术与应用[M].北京:化学工业出版社,2018.

[2] 李维炯.微生态制剂的应用研究[M].北京:化学工业出版社,2019.

[3] 康白.微生态学实践[M].上海:上海科学技术出版社,2014.

[4] 闫海,尹春华,刘晓璐.益生菌培养与应用[M].北京:清华大学出版社,2018.

[5] 徐锐.发酵技术[M].重庆:重庆大学出版社,2016.

[6] 潘春梅.微生态制剂生产及应用[M].北京:中国农业大学出版社,2014.

[7] 胡永红,陈卫,欧阳平凯.高效有益微生态制剂开发与利用——蜡样芽孢杆菌[M].北京:化学工业出版社,2013.

[8] 谢明杰.微生物发酵工程[M].沈阳:辽宁科学技术出版社,2019.

[9] 宋立立.微生物发酵工艺探究[M].延吉:延边大学出版社,2019.

[10] 韩德权,王莘.微生物发酵工艺学原理[M].北京:化学工业出版社,2013.

[11] 魏明英.发酵微生物[M].2版.北京:科学出版社,2020.

[12] 黄芳一,程爱芳,徐锐.发酵工程[M].武汉:华中师范大学出版社,2019.

[13] 路福平,李玉.微生物学[M].2版.北京:中国轻工业出版社,2020.

[14] 王玉堂.有益微生物制剂及其在水产养殖中的应用[M].北京：海洋出版社,2018.

[15] 谢凤行.微生态制剂在农业上的应用[M].天津：天津科技翻译出版公司,2010.

[16] 董济军,段登远.浮动草床与微生态制剂调控养殖池塘水环境新技术[M].北京：海洋出版社,2017.

[17] 姚纪高.肠道养好菌,身体更健康[M].北京：中国轻工业出版社,2020.

[18] 李小峰.免疫微生态学[M].北京：科学技术文献出版社,2020.

[19] 朱德全,王茗悦,栗金柳,等.长双歧杆菌NCC2705分泌蛋白的全基因组预测和功能分析[J].安徽农业科学,2016,44（20）：109-111+130.

[20] 朱德全,王茗悦,栗金柳,等.动物双歧杆菌AD011暴露外表面蛋白的种类和功能分析[J].安徽农业科学,2017,45（11）：119-120+149.

[21] 朱德全,尹红,张路路,等.动物双歧杆菌基因组的研究进展[J].安徽农业科学,2017,45（15）：145-146+161.

[22] 朱德全,张路路,尹红,等.短双歧杆菌基因组研究进展[J].中国科技信息,2017（11）：82.

[23] 朱德全,栗金柳,王茗悦,等.环境胁迫对双歧杆菌黏附能力和黏附相关蛋白的影响[J].安徽农业科学,2016,44（21）：131-133.

[24] 朱德全,王茗悦,栗金柳,等.两歧双歧杆菌PRL2010菌体外表面蛋白的功能分析[J].安徽农业科学,2017,45（18）：118-119+166.

[25] 朱德全,周金影,张跃华,等.青春双歧杆菌ATCC15703 Ⅰ型Sec途径分泌蛋白的预测和功能分析[J].安徽农业科学,2017,45(12)：136-138+143.

[26] 朱德全,王茗悦,姚嘉,等.嗜酸乳杆菌NCFM双精氨酸分泌信号肽蛋白的预测分析[J].安徽农业科学,2017,45（14）：129-131.

[27] 朱德全,高峰,姚嘉,等.鼠李糖乳杆菌LGG细胞壁蛋白的预测和功能分析[J].安徽农业科学,2017,45（13）：141-142+153.

[28] 朱德全,张路路,尹红,等.植物乳杆菌基因组研究进展[J].中国科技信息,2017(12):60-61.

[29] 高堂亮.微生态制剂的制备及其在肉牛上的应用[D].石河子:石河子大学,2018.

[30] 王凯,杨华,王路英,等.芽孢杆菌在水产养殖中的应用研究进展[J].当代水产,2021,46(2):74-77.

[31] 杨泽敏,李双,金正雨,等.益生菌的作用及在禽类生产上的研究应用概述[J].贵州畜牧兽医,2021,45(3):1-4.

[32] 贾俊波,张鹏.饲用微生态制剂对禽畜肠道菌群的影响[J].饲料博览,2021(2):65-66.

[33] 廖乙露,刘翰吉,李明帅,等.微生态制剂在水产养殖中研究现状[J].饲料工业,2021,42(2):48-54.

[34] 洪桂香.广泛应用微生物制剂促畜牧养殖业健康发展[J].养禽与禽病防治,2019(1):2-8.

[35] 解维俊,姜海滨.微生态制剂在水产养殖中的应用研究进展[J].安徽农学通报,2021,27(22):103-108.

[36] 丁媛,郑博予,祁宏伟.微生态制剂研究进展[J].养殖与饲料,2022,21(12):51-54.

[37] 刘晓芳,钦佩,黄晓东.益生菌及其制剂的研究和应用[J].食品与药品,2019,21(6):514-517.

[38] 刘建军.动物微生态制剂在畜牧业中的应用[J].畜牧兽医科技信息,2022(5):90-92.

[39] 张蕾.新型畜牧微生态制剂的制备与应用[J].中国畜牧业,2022(11):70-71.

[40] 杨夫会.微生态制剂的研究进展与应用前景[J].山东畜牧兽医,2019,40(5):81-82.

[41] 王怀禹.复合微生态制剂在猪生产中的研究应用[J].猪业科学,2018,35(10):59-61.

[42] 权芮.微生态制剂联合不同抗幽门螺杆菌治疗方案 Meta 分析[D].兰州:西北民族大学,2021.

[43] 谢海伟,文冰,李晓燕,等.微生态制剂的应用研究[J].广东化工,2021,48(24):17-19.

[44] 李新贵. 益生菌类微生态制剂的临床应用 [J]. 安徽医药, 2018, 22（7）: 1395-1397.

[45] 张英丽, 陈倩倩, 刘颖. 微生态制剂在早期结直肠癌根治术后的作用 [J]. 中国微生态学杂志, 2020, 32（10）: 1167-1172.